從個人設計服務到生活集團──創辦人洪韡華的經營養成筆記

解鎖
創空間
營運密碼

提煉從個人工作室到中、大型設計公司
不同規模所需經營武功秘笈！

洪韡華 著

創空間集團 GROUP

創空間集團，就像一本設計界的百科全書。匯集建築、室內設計、視覺及產品設計等...全方位建構實學，聚合擅長各種領域的設計界人才，彼此融合貢獻，透過理性的組織規劃，將因「人」而起的空間活動，構築成富含人文底蘊的空間設計。

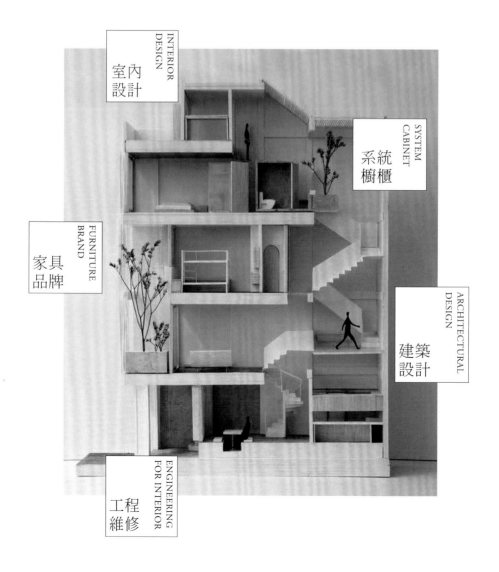

室內設計　INTERIOR DESIGN

系統櫥櫃　SYSTEM CABINET

家具品牌　FURNITURE BRAND

建築設計　ARCHITECTURAL DESIGN

工程維修　ENGINEERING FOR INTERIOR

BUSINESS

CREATIVE DESIGN
創空間設計中心
- 室內設計
- 建設開發

秉持著探索設計的原始初心，實現理想空間的生活美學

創空間設計處匯集土地規劃、建築設計、室內設計、傢飾規劃、工程管理等專業職人，聚焦人們對於生活空間的需求。用設計將美學生活植入空間，應用於生活。

室內設計　　　　　　　　　　　　　建設開發

権釋設計　　C:NCEPT北歐建築　　日和設計　　権磐 INCEPTIONS.　　匠職人　　JA 建築旅人
ALLNESS DESIGN　　　　　　　　　HIYORI DESIGN　　　　　　　　　　　　　　JOURNEY ARCHITECTURE

CREATIVE LIFESTYLE
創空間生活美學

以生活品味，打造日常美學

基於對美、對設計與生活品味的堅持，我們進而著手尋找符合自身理念與願景的歐洲家具品牌、引進台灣，讓每個人可以輕鬆擁有國際化的商品與服務。

創空間 CREATIVE CASA　　BoConcept　　HOUSE 機能櫥櫃

創空間集團 TIME LINE 時間軸

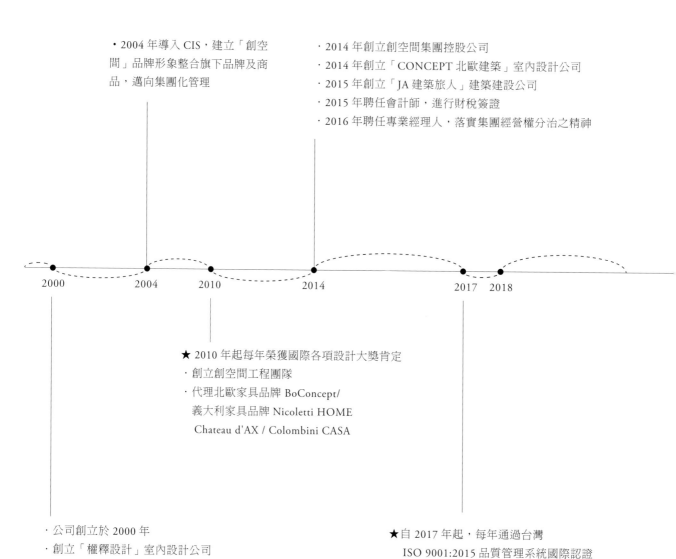

· 2004 年導入 CIS，建立「創空間」品牌形象整合旗下品牌及商品，邁向集團化管理

· 2014 年創立創空間集團控股公司
· 2014 年創立「CONCEPT 北歐建築」室內設計公司
· 2015 年創立「JA 建築旅人」建築建設公司
· 2015 年聘任會計師，進行財稅簽證
· 2016 年聘任專業經理人，落實集團經營權分治之精神

2000   2004   2010   2014   2017   2018

★ 2010 年起每年榮獲國際各項設計大獎肯定
· 創立創空間工程團隊
· 代理北歐家具品牌 BoConcept/
　義大利家具品牌 Nicoletti HOME
　Chateau d'AX / Colombini CASA

· 公司創立於 2000 年
· 創立「權釋設計」室內設計公司
· 創立「edHOUSE 機能櫥櫃」公司

★自 2017 年起，每年通過台灣
　ISO 9001:2015 品質管理系統國際認證
· 2017 年全面 E 化導入系統，滿足集團化管理需求
· 2018 年創立「創生活國際」室內設計公司

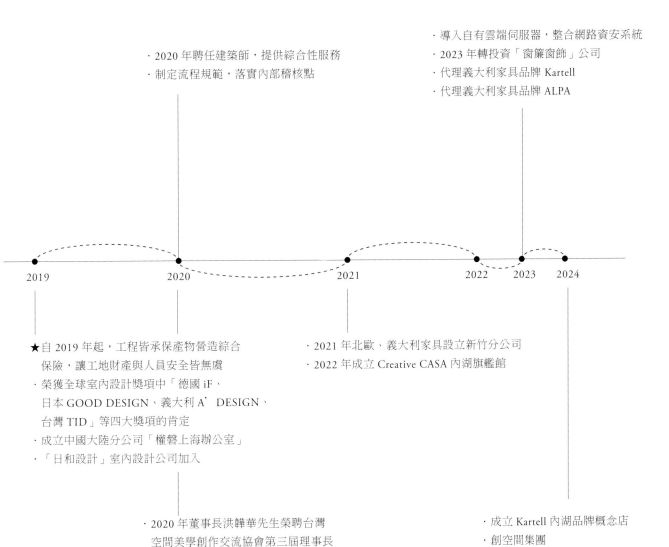

· 2020 年聘任建築師，提供綜合性服務
· 制定流程規範，落實內部稽核點

· 導入自有雲端伺服器，整合網路資安系統
· 2023 年轉投資「窗簾窗飾」公司
· 代理義大利家具品牌 Kartell
· 代理義大利家具品牌 ALPA

2019　　　　　　　　　2020　　　　　　　　　2021　　　　　　　　　2022　　2023　　2024

★自 2019 年起，工程皆承保產物營造綜合
　保險，讓工地財產與人員安全皆無虞
· 榮獲全球室內設計獎項中「德國 iF、
　日本 GOOD DESIGN、義大利 A'DESIGN、
　台灣 TID」等四大獎項的肯定
· 成立中國大陸分公司「權磐上海辦公室」
·「日和設計」室內設計公司加入

· 2021 年北歐、義大利家具設立新竹分公司
· 2022 年成立 Creative CASA 內湖旗艦館

· 2020 年董事長洪韡華先生榮聘台灣
　空間美學創作交流協會第三屆理事長
· 成立 BoConcept 內湖旗艦館
· 北歐、義大利家具設立台中分公司

· 成立 Kartell 內湖品牌概念店
· 創空間集團
　《從個人設計服務到生活集團—
　解鎖創空間營運密碼》出版

Contents

經營之道與美學之力

建霖集團 董事長

在我的職業生涯中，我見證了無數企業家的起起伏伏，但洪韡華 Elen，創空間集團的董事長，卻以其獨特的經營智慧和堅定的美學追求，讓我深感敬佩。

從帶領不到 6 人的小團隊起步，如今領導著近百人團隊的卓越領導者。他的集團版圖不僅涵蓋室內設計、家具零售、建設營造等多個領域，更擁有多個知名品牌。他的成功，不僅僅是因為他的商業眼光和領導才能，更是因為他對美學的執著追求和對生活的深刻理解。

當我首次遇到洪韡華 Elen 時，我正在尋找合適的設計師團隊為我設計、裝修臺北的家宅。經朋友介紹，相識並進行了深入交流。他提出的「奢華簡裝」設計理念深深吸引了我，因此，我將家宅交由他設計、裝修。他不僅將生活與設計、風與水的關係巧妙地融為一體，更在簡約中展現出奢華的藝術氣息。這種「奢華簡裝」顛覆了我對歐式風格的既有認知。經過多次深入的溝通與對話，我更加敬佩洪韡華 Elen 的專業才華和深厚造詣。事實證明我的選擇是對的，經由他設計的家宅近日還榮獲了 2024 年德國 iF 設計獎，這無疑是洪韡華 Elen 設計實力和專業水準的有力證明。

本書為我們揭示了洪韡華 Elen 24 年的創業歷程和管理智慧。這本書不僅僅是對他個人經歷的回顧，更是對整個空間設計生活美學行業發展的深度剖析。從中，我們可以看到「一次性把事情做對」的重要性。經歷兩次創業失敗，在第三次創業—成立權釋設計時，便以永續經營為目標，對公司的廣度與深度有了前瞻性思考和布局，這正是當今企業在激烈競爭中立足的關鍵。

我相信，這本書不僅會給讀者帶來設計美學和商業智慧的雙重啟示，更會成為推動美學產業發展的重要力量。在此，我要向新書的出版表示最熱烈的祝賀，並期待洪韡華 Elen 和創空間集團在未來的道路上繼續書寫輝煌的篇章。

品牌的成功需要不斷的優化

北大欣集團 董事長

很榮幸能夠為我的好朋友來寫這本書的序文。認識洪韓華 Elen 多年，從創空間在台北設計建材中心進駐以來締造的非凡成績，對於他在品牌的經營政策的深刻見解一直是讚賞的，他的才華就跟他所創建的品牌一樣優秀，如今他將經營養成中的秘訣，經由這本書引導大家探索成功的商業世界。

在任何企業或組織中，制定良好的管理政策至關重要。在書中他分享了寶貴的洞察力，深入淺出地講述了在各個階段中的經營策略，探討了如何建立有效的管理框架，不斷地調整和優化管理策略，他強調了企業管理中必須具備的溝通、決策、和解決問題的重要性，並建立工作流程確保專案有效的進行，這種靈活性和創新精神，將成為企業經營成功的基石。

這本書提供了一個全面且實用的行銷指南，他以自己的經驗和成功案例為基礎，提供了豐富的實例和建議，在快速變化的商業環境中，這些策略不僅能夠提高市場競爭力，也能夠建立起不可撼動的市場地位，贏得消費者的忠誠和信任。

在閱讀這本書的過程中，請記得成功需要勇氣、耐心與持續的努力，相信在這本書中他所分享的寶貴經驗和智慧將成為你的助力，指引你在經營管理方面取得非凡成就。

最後，衷心感謝所有關注這本書的讀者們，祝你在商業旅程中一帆風順！

以使命出發引導團隊走向永續

拿督 陳瑰鶯博士教授
美麗樂國際集團 執行總裁

認識洪韡華 Elen 可以說是一次特殊的緣分，當時，他所創立的「創空間」已經是一間非常出色的室內設計公司了！而我剛好要設計我的辦公室，機緣巧合下認識了他。他不僅在室內設計方面展現了他的創意與美學功力，同時，他也是一位非常有責任感與使命感的領導者。在他的帶領之下，他的團隊不僅能達到我對美感的講求，對於謹慎且要求盡美的我來說，在合作的過程中，我也看到了在他領導下，建立的是一群具有專業素養的室內設計團隊。

自 2019 年到 2024 年，這六年當中，我們也慢慢知悉，並成為了熟絡的朋友。他的人生價值觀和領導能力，都讓我讚賞！在受邀參加創空間的年度尾牙暨週年慶時，我在這場盛宴中觀察到，不管是對於企業品牌還是企業內部，洪韡華 Elen 都是帶著使命出發，去引領着他的公司和團隊，一步一腳印的建構出成功的基石。不僅如此，洪韡華 Elen 更是一位懂得感恩的企業家。

在擁有許多相同的價值觀之下，讓我們的緣分越結越深，無論在生活、人生或是領導團隊，我們經常相互交換看法及意見，身處在這個位子，彼此惺惺相惜。創空間，從以服務個人住宅設計為主，到現在整合運營，逐步走向永續經營，能有這樣的成就與格局，領導者的態度、使命、信念缺一不可，這也是企業能夠走向長遠久穩的關鍵，而洪韡華 Elen 正是這樣的一位領導者。

最後，恭喜他出書了！我想他一定是想把他對於設計和美學的態度，透過這本書讓更多人看到及感受到：原來美學，可以融入到我們的生活當中。我非常肯定洪韡華 Elen 的創意與才華，更可貴的是，身為領導者，他能站在不同的角度去看待、體驗人事物。對我來說，他不僅是位非常棒的領導者，更是最棒的企業家之一！我們結下緣分，值得一起珍惜與守護！

值此付梓之際，僅以數言聊表心意。

企業經營的起點在於管理

昇恆昌股份有限公司 總經理

在許多組織中，架構和管理往往被忽視。然而，對於我而言，昇恆昌和創空間的組織架構和管理模式，在某種程度上代表了服務業的典範。

【獨特的服務與體驗】昇恆昌致力於創造給客戶深刻的感受和貼心的服務，而創空間則專注於為客戶打造獨特的空間與體驗。我們所提供的氛圍往往充滿抽象，牽扯到個人感受，難以用理性準則來評斷好壞。但我深信，無論如何，我們始終努力期望能夠為客戶提供最優質、最貼心的體驗。

【組織系統的管理架構】美學或許是一種主觀思維，但創空間卻透過空間設計的營造，將這種思維貼近人們的生活環境中。從最初的設計構想、市場競爭分析、工程實施，直至完工驗收和居家軟裝，每一步都需要有組織系統的管理架構來注重每一個細節，以滿足客戶的需求。在我看來，這正是昇恆昌與創空間相似之處，洪韡華 Elen 的完善管理系統和制度是企業經營的真正起點，也是我相當認同的一點。

【管理與制度的重要性】有些國外知名企業家認為，企業管理在市場上被過度高估。他們認為，最好的管理方式就是不需要管理，只需關注目標的達成。然而，我深信，企業經營並不是非黑即白的二分法。正如洪韡華 Elen 所提到的「向外擴展版圖，向內重整制度」，這樣的管理方式，讓我深受啟發。我相信，透過系統化的管理方式，企業能夠更有組織性地穩健發展，實現營收增長。

【核心價值的體現】在與洪韡華 Elen 合作的過程中，我深刻體會到了他對於每一個細節的堅持和對工作的誠信態度，更是將這種態度融入企業的 DNA 之中。他的創新思維和對於社會回饋的思維，透過多種方式培育人才、回饋社會，實踐企業對社會的責任。

【面對挑戰的勇氣】在這個快速變化的時代，保持初心並認識到自身價值，對於企業管理者來說至關重要。當今世代的挑戰是前所未有的，然而，正是在這樣的挑戰中，我們能夠找到機會，進一步提升自己的能力和洞察力。因此，非常感謝洪韡華 Elen 將自己的經營理念集結成冊，讓我們共同致力於打造一個堅強、靈活、以價值觀為導向的企業文化，並與時代同行，共同迎接未來的挑戰。

傳承永續的經營智慧

雲品國際 總經理

在特別的機緣下與洪韡華 Elen 接觸，這是個多元整合的團隊，「靈活彈性」是我對創空間的其中一個印象，ESG（環境、社會、治理）是一個持續發展的趨勢，越來越多的公司將其納入戰略規劃中。創空間的多元整合和靈活性與 ESG 價值觀相契合，創空間擁有 24 年的豐富歷程。洪韡華 Elen 身上所展現企圖心與行動力，從個人設計服務轉變為生活集團的經營模式，《解鎖創空間營運密碼》詳細紀錄了這一段旅程。以洪韡華 Elen 的智慧為核心，深入探討了創空間在不同時期的經營策略和管理政策，特別是如何通過垂直整合、水平發展的產業價值鏈，發展成一個涵蓋室內設計、家具零售、建設營造的生活集團，展現了傳承永續的經營智慧。這種綜合性經營模式有助於企業更好地應對未來挑戰。

我們雲品國際亦是透過各項 ESG 風險與機會並擬定因應策略、永續旅遊、公司治理運作情形及未來規劃等。期望在全球氣候變遷、生態保育、經濟發展達成平衡地共存，以行動落實飯店永續經營的目標！

一起探索創空間的獨特魅力，為生活美學及設計產業帶來更多的關注與可能性。

失落中奮起淬取出的經營智慧

台北海洋科技大學 校長 林俊彥

洪轟華 Elen，是社團多年老友。他溫文儒雅，微笑常掛；講話不疾不徐、正向積極；臨事從容不迫、舉重若輕。多年來沒見他疾言厲色、咄咄逼人的舉止，是一位謙和但自信、令人可以信賴的人。

他是位頗有名氣的室內設計師，曾擔任過台灣空間美學創作交流協會理事長。由於近年他常在大學兼任室內設計有關課程，深感目前室內設計管理有關的教材非常缺乏。為豐富教學內容，他毅然費心把自己 24 年來，從事室內設計的心路歷程和管理心得彙整出版，希望與室內設計同業互勉共榮。很少有人的職涯發展可以一路順暢，24 年來洪轟華 Elen 也曾面臨多次的不如意，但他卻能從每次失落中奮起，淬取出智慧，轉化為下一階段再起的動力。長期工作的磨練與考驗，也焠鍊出他謙和自信的人格特質。他的事業版圖，也因他的鬥志、創意和視野，不斷精進。從原本 6 人的住宅室內設計團隊，垂直整合成為含括：生活建設營造、家具家飾零售的百人集團。在台灣室內設計領域具有如此豐富多元營運經驗的人，為數應該不多。

室內設計工作不僅是設計而已；是居家功能、美學藝術與創意巧思的融合。執行時涉及設計、工程、行銷、財務、售後的管理與整合，其成效影響設計公司能否永續發展。洪轟華 Elen 的新書把他既往失敗、成功的故事及經營省思，無私地與大家分享，精彩可期。「以人為鑑，可以明得失」，相信這本書對室內設計工作者的觀念啟發和典範傳承，尤具價值。

用創業經營刻畫的人生文字

中原大學設計學院 副院長

室內設計是很特殊的行業，有人不會設計可以接案，有人設計能力佳卻接不到案，因而吸引許多人的興起投入，也當然因此會有人黯然退場。

洪韓華 Elen 在本書以筆記方式分享創業心路（辛酸）與經營心得（心法），從第一次創業「因組織分工不完全，導致案件多卻無力消化，施工虎頭蛇尾無法完整落地而成為惡性循環。」第二次創業時，「就採設計與工程分工，提供更專業、精準且快速的服務。」從失敗檢討原因改變做法，追求創新終於取得成功。多次的創業經驗，換來精進的養分，從而在其中踏實茁長，至今，他的設計企業已成為國內翹楚也是先進模範。

從設計到施工，從室內跨建築，從系統櫥櫃到進口家具，產業一條龍的經營，他並非是先創者，但能夠持續經營取得成功顯然有獨到心法。洪韓華 Elen 將創業、經營、管理的經驗無保留的著述分享，相信會是在室內設計產業奮鬥的每一位，好奇也期待的內容。作為全台灣第一所開創的大學室內設計教育，中原室設長期在設計教育投入與精進，也吸引洪韓華 Elen 認同，加入中原精進學習成為我們的優秀系友。基於此，我誠摯推薦大家，閱讀一位認真、努力的作者，用創業經營刻畫的人生文字。

困境中調整修正進而突破且強壯

中華民國室內裝修專業技術人員學會 理事長
逢甲大學建築專業學院 專任助理教授

《解鎖創空間營運密碼》看到解鎖密碼就讓我非常充滿期待地想要一探究竟！

「未經一番寒徹骨，焉得梅花撲鼻香」讓我從洪韓華 Elen 創辦人身上驗證了這句話，之前就久仰洪韓華 Elen 大名，真正認識則是他在中原室內設計研究所就讀尾聲，碩士論文完稿畢業前的那段時間，相處熟識之後也才對創空間集團有了進一步的認識，因此也讓我更加佩服欣賞洪韓華 Elen & 創空間集團。

我們都比較習慣欣賞稱許別人的成功，但我必須要說，創空間集團成功之前的洪韓華 Elen 並非是我們以為的凡事順風順水，反而看到的是他在經歷挫折打擊之後的檢討與反省，總能屢屢從困境中調整修正進而突破且強壯，因為曾經在不同工作屬性及環境職場中生活歷練，在相同與不同之間找到差異，也在不同與相同之間找到了平衡，困境之後帶給他的並非一蹶不振，而是更加具有前瞻生命力及多元掌控力的成長前進動能。

本書在探討創空間如何由小變大，如何在不同時期去建置布局營運策略及管理機制及政策，創空間集團創辦人洪韓華 Elen 勇敢無私地解構自己如何在 24 年時間裡，將原本只是個人設計提供服務且專以住宅設計為主的小公司，透過系統及邏輯性地垂直整合產業價值鏈，成功策略在於供應鏈的垂直延伸、走向品牌管理模式、整併創新多元化產品、延伸服務據點及品項內涵、擴展布局導入智能自動化、發展打造成為涵括室內設計、家具零售、建設營造的生活集團，帶領創空間集團走向傳承創新且永續經營，成功打造解鎖創空間集團品牌生活美學事業體的營運密碼。

萬人皆睡我獨醒

中華民國室內設計裝修商業同業公會全國聯合會
第 10 屆理事長

●初識─約莫 12 年前，一家超有膽識的設計公司引發我的注意，那是在 2012 年 4 月，由室內設計全國聯合會舉辦的〔第一屆室內設計暨材料大展〕，這個以建材產品為主的展覽，「權釋設計」是唯一以「室內設計公司」報名的單位；收到報名單的時候，我的第一疑惑是～設計公司在建材展能夠展出什麼呢？

當權釋設計的展位擠滿人潮，大家搶著拍照的時刻…，我明白了…這個把平面沙發掛在牆上，旋轉 90 度的前衛創意，是在展「行銷」。此刻，權釋設計在我心中成為了永久的記憶。

●再逢─四年前，因緣際會，創空間和 BoConcept 進駐台北設計建材中心，讓我有更多的機會和創辦人洪韡華 Elen 交流。頓時，我得為這位室內產業界的曠世奇才肅然起敬。如本書所述，從以住宅設計為主的公司開始，蛻變為多角化經營的集團，是成功的設計工程公司經歷的路程，但洪韡華 Elen 所擘畫的是一個有體系、有目標、有願景的大戰略思想集團，而且隨著時間的推移一直在調整自己的方向跟步伐。

在這段時間，我看到一位能夠推演產業未來經營者，是一般室內設計師欠缺的，所沒有的；24 年來事業更迭淬煉，成就了洪韡華 Elen 這樣的本能，在室內設計業界是前無僅有。

●珍寶─本書最重要的價值，在於顯現洪韡華 Elen 個人掌握時代的脈動，對於「市場及環境改變的敏銳度」和他的「即時反應」，這是洪韡華 Elen 個人最特別的特質，他願意把他經營公司的心得經驗，提供給大家參考，是業界最大的幸運與幸福。

我雖然年長洪韡華 Elen 兩個世代，但他仍然是我視為學習的珍寶，在前景混沌的大混亂時代，本書的出版更顯彌足珍貴。特別是對室內設計業的經營者而言，可以說是室內設計產業經營的最好的嚮導，是大家應該細細的閱讀，好好想想，掌握未來的最佳夥伴。

學習並借鏡的永續經營

TAID 台北市室內設計裝修商業同業公會 第十八屆理事長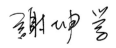

一位充滿活力與藝術熱情的大男孩走過來，總是笑臉迎人。印象中的洪韡華 Elen 是非常忙碌，他是中原室設的傑出系友與設計師、跨界整合與經營者、有企管思維與智慧的經營者、有很好的廚藝與熱情，對事情非常執著與追求完美，總是盡善盡美的完成每一次的工作交付與使命。他從事家具設計的專業製造，並將生產、行銷、人力資源、研發、財務、資訊有條不紊的整合，因應 AI 智能的變化與產業轉型，更著手布局產業的未來走向，帶動公司經營績效與獲利。

今天洪韡華 Elen 以不藏私的精神，已是創空間集團的創辦人。卻將分享他從初次創業失敗，權釋設計的成立，到創立 edHOUSE 機能櫥櫃、生活美學集團迄今，將創空間集團的成功關鍵與經營密碼，大器分享其歷經家具、空間設計與生活美學集團創辦人的經營心得與筆記，並分享其階段策略：

策略一、建立產品特色：主打系統家具結合木工，跳脫市場全木工。
策略二、確認目標市場：以平價裝修為市場，建立模組化設計。
策略三、垂直化供應鏈：成立系統家具公司降低取得成本，提升競爭優勢 。

顯見洪韡華 Elen 對市場與需求的敏銳觀察力，身為集團的創辦人仍撥冗教學與投入公會的服務工作，實屬不易，我們期待新書能早日完成並推薦給大家，分享他的創業艱辛歷程與經營的思維模式與策略，讓我們一起學習與借鏡調整自己未來的經營策略喔！

設計之外的必學經營設計

TnAID 台灣室內設計專技協會 理事長

很榮幸收到創空間集團創辦人洪韡華 Elen 的邀請，為《解鎖創空間營運密碼》此書撰寫推薦序，做為推薦人非常開心洪韡華 Elen 願意提出他對於室內設計產業經營的獨到見解及心法。

在室內設計的養成教育過程中，都是透過學院的教育系統來談及美感、材質、比例、顏色的運用，甚至著重設計的重要性，但往往忽略設計也是一門生意。當站在設計公司經營者與設計者兩者之間的角色中如何取得平衡，這是許多學校沒有教導的事情，甚至是許多室內設計從業人員面臨的問題。洪韡華 Elen 願意將他自身的創業與實務經驗整合，以此書籍分享給大家，無非是產業中最佳的福音。

我對洪韡華 Elen 印象非常深刻，是來自於創空間集團的多元性，服務項目匯集了室內設計、系統櫥櫃、家具代理到建築設計等全方位構成，讓我看見從設計者思維跳脫到管理者思維的脈絡。在現今室內設計產業進步的發展之下，怎麼透過不同的角度面對市場，是每一位室內設計產業從業人員必須思考的。

從校園踏進產業，距離並不大，而是在心態跟策略的調整，怎麼彌補這條空隙，就是需要產業界的先進來告訴大家。設計師若只著重在設計的話，就會缺乏管理；缺乏管理及組織的設計公司是無法面對市場的快速轉變。設計絕對是具有挑戰的工作與內容，所以更應該透過組織化的營運以及垂直跟水平的整合，從設計與管理兩個向度思維進行統合，絕對是設計產業完整化的絕佳過程。設計並不是拿起電腦或一支筆就可以做完的事情，更應朝向組織化的營運團隊，讓設計達到更高的完成度。在未來，團隊分工合作與如何讓所有人完成共同的目標，這也是未來的室內設計產業所需要的。

這本書無論您是設計師或設計公司經營者，絕對需要仔細翻閱品讀，相信大家絕對會在心中浮出一句：「原來這就是設計之外的設計。」在此也祝福《解鎖創空間營運密碼》新書大賣，可以讓產業有更多不同面向的發展，讓設計不只是設計。

永續傳承，永不止息

"That which does not kill us makes us stronger." —— Nietzsche
（不能毀滅我的，都能磨練我，使我堅強茁壯。—— 尼采）

引用哲學家尼采的這句話，我深信這 24 年來的創業歷程中，我從失敗中學習與調整未來的方向，直到現在回顧起來都成為我的養分，從個人工作室到有一個能讓設計人永續經營的平台，一直是我前進的力量。而創空間與《解鎖創空間營運密碼》的誕生，正是我結合設計管理，實踐永續經營的一個里程碑。

本書緣起並非一蹴可幾，而是源自我對創業旅程的深刻反思，以及對設計產業的熱情。此書聚焦於「創空間」的經營之道，穿插著我多年來在創業歷程中的點滴感悟與經驗分享。透過這本書，我期望能夠為創業者和設計從業者提供經驗分享，幫助設計人更好地理解和應對經營管理中的挑戰。

「創空間」，是我人生中的第三次創業。從與求學期間的摯友攜手共創設計公司，到與業界精英共同合夥，最終在 2003 年奠定創空間的第一塊基石——權釋設計。二十多年來，最初的小型團隊（當時僅有六人），逐步成長為如今的百人企業，邁向集團化經營。其中歷經台灣室內設計與居家美學產業更迭，更見證了 AI 資訊、行銷與媒體的巨大變化。在這個過程中，我們的創業道路並非一帆風順，曾經歷種種困境，從資金壓力到市場變遷，每一步都是一次挑戰。回看我能夠突破重重難關的關鍵，在於我

不是自己獨自一人，而是有一幫願意相信我並且與我一同前行的夥伴們，我們堅持不懈地發掘問題，制定策略吸取新知，分門別類地交付專業，讓擅長的人做擅長的事，調整並持續向前推進，克服一切障礙。這也是我期望將這份精神傳達給後輩設計者，亦是經營公司的核心理念。

當然，設計公司能夠成長茁壯的核心關鍵，還是在於不斷創新和提升設計品質。同時，建立良好的客戶關係和團隊精神也至關重要。我將在本書中分享許多有關這些經營管理與設計方法的故事，將創業至今的心路歷程和經驗傳遞給更多志同道合的設計工作者，並將這份成功與挫折的經歷化作激勵，鼓舞設計人勇敢追逐夢想。

期許這本書的出版能為創空間及整個設計產業帶來更多的關注和理解，激勵有志之士能投身於這個充滿活力和創意的領域。設計產業蘊藏著無限的潛力，透過這本書，我們希望能夠揭示設計魅力與管理價值平衡的必要性，同時凸顯營運策略的重要性，因為只有當具有一定的經濟規模時，設計公司才能為社會帶來更大的影響力，美好的設計作品和創意思維方能得以延續傳承，成為永續經營的設計品牌，而我期許，我能成為其一之領路人。

Chapter 1.
起點開創 2000 ～ 2006

權釋設計
ALLNESS DESIGN

HOUSE
機能櫥櫃

經歷兩次創業失敗，
運用鐵三角組織、垂直整合打造權釋設計

許多朋友對於創空間很好奇，為什麼設計公司起家，卻於創業初期就跨足系統家具、家具產業、創建 SOP、申請 ISO，且有別於台灣絕大多數設計公司一條龍的內部管理模式，而是一開始就將組織分權為：行銷業務、設計與工程的鐵三角形式並走向控股公司，這一切皆是其來有自。在創空間集團創立 24 年的今天，藉由整理我的經營筆記，梳理經營脈絡，除了為集團未來提供指引藍圖外，同時也作為設計同行們相互學習、指教的參考。

空白兩年與職場經驗造就日後市場敏銳度與家具情緣

從小喜歡畫畫的我，當年在復興美工就已選擇進入室內設計組，畢業後決定先服兵役，本來是希望能藉當兵期間思考未來方向，爭取更多時間，誰知在兵役短短兩年期間，室內設計正從手繪製圖全面轉換成電腦化—使用 AutoCAD，不會 CAD 的我帶著手繪作品挨家挨戶面試找工作，但那時候面試的所有設計公司，包含我在復興美工的學長們看到這些手繪圖都直搖頭：「這種東西已經沒人要了！」所有履歷全部石沉大海，為了學習新知，我決定繼續升學—進入亞東技術學院（現為亞東科技大學）工業設計系的家具設計組，而這也成為日後創業成立系統家具品牌，自創、代理家具品牌的緣由。僅僅當兵的兩年，整個就業市場上就發生巨變，雖然在此跌了一跤，卻養成我日後時時刻刻關注產業動向，保有市場敏銳度的習慣。

室內設計師都是藝術家，有一餐沒一餐？

為了追趕兩年的空白，大學時進入夜間部，白天則到設計公司上班。前面提到因為不會 CAD 所以吃了閉門羹，於是我便對心儀的設計公司主動提出「不用薪酬」的條件，希望能進入設計領域裡學習，終於，我成為設計公司的一員。

這家設計公司的主持設計師，本身在藝術領域就是受人景仰的畫家、雕塑家，跨足至室內設計，所設計的空間自然猶如藝術品般詩意且精緻，吸引了不少業主關注及追逐，公司從不愁案源，總是一案接著一案做。

或許是忙於接案，加上主持設計師的藝術家性格，組織管理沒有章法不說，連工作流程都不清楚，導致設計沒有效率，工作常常卡在特定人身上，組織空轉更是常態。進入公司後發現此一問題，便主動利用學校所學，協助建置工作流程 SOP，例如檔案、圖層分門別類等，除了學習設計外，同時幫忙制定、管理案場，因此很快就獲得重視，成為主持設計師的得力助手。

只是在同時，我也發現公司案源雖然不斷，但卻常常收不到款項，導致現金流出現問題，使得公司經營大起大落。由於是進入的第一家設計公司，不要說對產業發展的趨勢，光是產業的現況都無所掌握，還曾一度以為這就是設計公司經營的常態，心想著室內設計市場該不會要走向黃昏，甚至還曾浮起是否該轉換行業的念頭呢，於是在協助公司建置管理告一段落後便決定離職。

> **室內設計師不是藝術家，搞不清楚可是看不到未來的！**
> —— 洪韡華 Elen

室內設計模組化施工快速有「錢」景

在第一間公司我學習到諸多設計手法，同時也提升了藝術的美感與 Sense，由於大學唸的是家具設計，所以對家具市場自然也有所關注，其中歐德系統家具的體系特別引起我的注意：它們將德國的系統家具模組化概念帶進台灣，運用模組建置大量生產並走向連鎖，且價格還很不便宜，這和我之前待的藝術家型設計公司完全是不同的世界！於是帶著這樣的好奇心，我進入了系統家具門市學習。當時的年代，木作常佔了總裝潢預算的八成，且工期長，但是系統家具不只所有的櫥櫃，甚至到天花都能模組化施工，工期大幅度地縮短，我認為這才是室內設計的未來，而在系統家具門市工作的經驗，也奠定了日後創業採用木工結合系統家具的作法。

期待理性與感性結合而決心創業

接連進入兩家截然不同的公司，各是設計業的兩個極端：一家充滿設計能量但缺乏管理，難以展望未來；一家擁有「錢」景，卻少了設計的溫度。而當時市場上的設計公司大多是這兩種狀態，跟我的室內設計夢：期望結合設計的理性與感性，同時滿足消費者的需求，有著不小的差距，所以再進去其他設計公司修業也無意義，於是我決定 – 創業。

創業第一戰，公私不分兩年就失敗！

懷抱著對室內設計的夢想與期待，2000 年我與一幫復興美工的兄弟們出來創業，同學們除了才華洋溢外更是能言善道，主要負責簽約談案件，而擁有設計領域工作經驗的我，則負責產業鏈的資源整合與行銷發想。

善用室內設計雜誌曝光，案件諮詢如雪片般飛來

因為曾經短暫與設計行業脫節，而感受環境巨變對個體的影響，因此我十分注重行銷與整個市場的脈動，從那時候就養成隨時關注新知的習慣，也因此帶來我第一次創業的「高潮」。

當時發現《漂亮家居》在超商販售，這在室內產業就已是創舉了，還將一般大眾無法理解的裝修知識深入淺出，以屋主的故事與體驗來分享，心想應該會深受大眾喜愛，當下即和合夥人們商量，一起來做一個設計案上雜誌吧！而既然要發表作品也要做市場沒有、難度較高卻又是一般人痛點的設計案，於是我借鏡以往的工作經驗，將老屋裝修結合系統家具與木作，一次解決老屋基礎工程的難題，並讓室內設計模組化，縮短工期並降低預算。果然，雜誌一刊登，諮詢電話接不完，當月接到兩百多通諮詢電話，公司案量、業績一飛沖天。

夥伴過度消費，財務出問題

甫創業就不缺案量，當時只要丈量完就開始設計、規劃，而且系統櫃皆是模組化，平常木工施作要一個月，系統家具只要工廠製作一週，現場施工兩天即可，交屋變快，一個月就能完成多場工程，當時房地產正處於多頭，我們藉由媒體曝光嘗到了甜頭，再加上能快速施工落地，不只案件如雪片般飛來，錢也是。

《漂亮家居》讓甫創業的我傳出捷報，而這也種下了我們的緣分持續至今。

然而一開始創業就如此成功，錢賺得太快，卻也導致第一次合夥創業的失敗收場。「在那個時代，室內設計不怕餓死，怕撐死！」只要有稍微不錯的案子在雜誌上曝光，就能接到很多諮詢，然而室內設計是服務產業，舊客戶的口碑行銷才是設計公司永續的根本，短時間爆量的結果就是案件太多，無法完整收尾而導致虎頭蛇尾，形成惡性循環傳出不好的名聲，這就代表組織管理出了問題。當時心裡不禁響起了警鐘，但因為好友們一同創業，彼此之間難以約束，而壓垮駱駝的最後一根稻草就是合夥人個人的財務問題：當時有合夥人看到錢一直進來，就開始預支薪水、分期付款買名車、奢侈品，但這些其實大多是客戶的預收款，就如用信用卡預借一樣，最後導致信用破產，甚至還曾發生債主跑到公司來追討夥伴的個人債務。另一方面，設計師們被廠商、工班捧著，收回扣、花天酒地的事情也層出不窮，令公司迅速走向衰退，於是第一次創業，不到兩年就以失敗收場。

重組後仍以退出收場

第一次創業我們藉由對市場的敏銳度，透過媒體踩點入市快速擴張，但是老友們共同創業公私不分，約在一年後即開始露出病灶，雖然曾經試圖力挽狂瀾、重建組織，但是合夥人之中，沒有領導者就如同一盤散沙，於是不到 2 年我就決定退出公司，經由此戰更加深刻體會到組織管理的重要性。

" **"**
好兄弟合夥做生意，醜話既要說在前頭，規矩更要先定好！
—— 洪韓華 Elen

創業第二戰，家族式經營財務不透明

結束了第一次創業，思考了好一陣子，深刻體會到親朋好友合夥創業組織與財務管理不容易有共識，於是希望自己能再繼續修煉。由於當時已練得一身好工夫，自然有許多設計公司邀請也有很多機會，但這次決定選擇一間只有兩人的小型設計公司。

專業分工，設計落地好又快

這間小型設計公司，兩位主持人都是由建設公司出來自行創業：一人主導設計、一人負責工程，主要是承接原建設公司的案件，不需要另行開發業務。兩人的專業互補可說是天衣無縫，設計總監設計不在話下，工程總監則一次可以管理十個工地且臨危不亂，我期望能在此向他們學習：設計公司該如何分工？如何控管工程？然而不到三個月，公司的設計總監告知要移民國外，希望由我接下他的位子，意外地成為公司的合夥人之一，接管設計與後來的行銷業務工作。由於對於系統家具仍情有獨鍾，除了入股設計公司外，也另外再成立系統家具公司，也就是 edHOUSE 機能櫥櫃的前身，進入產業鏈成為供應商，服務設計公司。

傳統式經營無法負荷暴增的案量，透過組織規劃朝向企業發展

然而就在我接手設計總監的這一年，原供案的建設公司轉戰大陸市場，原本靠著建設公司訂單的小設計公司頓時門可羅雀，這下可糟了！負責設計與業務的我想起上次的成功經驗，再次尋求於媒體刊登案件，這次我帶著比起上次創業設計更精準、更完善的作品來到《漂亮家居》，果不其然諮詢電話再次如雪片般飛來，讓我認知到室內設計已進入媒體行銷的時代。當時案件之多，常是早上八點一路見客戶到凌晨三點。長期下來身體吃不消，扁桃腺割掉，心律不整，再一次讓我警覺到傳統式的經營，是無法負荷暴增的案量，應該要更有組織規劃，朝向企業發展。

創業之初即有成本帳與專案管理概念

第二次創業公司壯大十分快速，短短一年不到就從 2 人到 12 人。許多設計公司在成長轉型常會遇到的難題，是原本一兩個員工、一年幾個案件，只做收入、支出流水帳就已足夠，但當員工一多，案件一多，帳務就會出現問題：客戶未付款已先代墊給工班、尾款無人追討、公司現金流不夠等，或是錯把客戶的簽約款當作自己的資產，公帳通私帳，最後導致跳票危機。由於太太楊敏琪 Vicky 具有金融專業，從第一次創業即協助處理財務，利用 Excel 試算表軟體管理員工薪水與工程成本帳，所以一開始創業就連股東都朝領薪制，並以專案管理模式來控管財務，也因此即便公司股東間發生財務問題，都不至於動搖到公司股本。

公帳通私帳導致拆夥解散

但有了制度，還是需要人按規章來執行，人員的管理不當，所衍生出來的問題是更難解的。由於業務量龐大，公司現金流自然也大，就如多數設計公司一樣，財務交由股東家人協助管理，只是即便財務已確立專案管理的控管，最後現金流還是因為人為因素發生挪用狀況。雖然與合夥人彼此工作互補，合作也十分愉快，但關乎到人與人之間的誠信問題，最後也只能忍痛分手！第二次創業，因為家族式經營、公款通私款而拆夥解散。

"　　　　　　　　　　　　　　　　　　　　　　**"**
家族式經營、公私不分，再好的合夥人也會分道揚鑣！
—— 洪韡華 Elen

第三次創業，對內鐵三角組織，對外垂直整合期許永續發展

2003 年權釋設計正式成立，雖然歷經兩次合夥創業失敗的經驗，對於室內設計的夢想卻沒有被瓦解，反而成為奠定權釋設計並一路到創空間集團的養分，同時也記取教訓，於成立公司時就訂定組織章程與對客戶的承諾與願景。

行銷業務、設計、工程鐵三角平衡

第一次創業組織分工不完全，導致案件多卻無力消化，施工虎頭蛇尾無法完整落地而形成惡性循環，這自然成為管理公司的借鏡。第二次創業時，就採設計與工程分工，雖然中間需要較高的溝通成本，但卻能提供更專業、精準且快速的服務，讓我體認到室內設計不是只有一條龍的工作方式，組織分權才是更有效率，且是當公司擴編時能迅速接軌業務的方法，所以在第三次創業時，自然以行銷業務、設計、工程鐵三角平衡為主力，正式成立權釋設計。

2003 年權釋設計正式成立。

將設計的權力釋放給客戶並提供垂直整合一條龍服務

室內設計是服務產業，設計師應該將客戶對家的夢想實現，而不是將本身的理想投射於業主身上，只在意作品是否得獎，而忽略了使用者的期待與想法。因此我們期許創立與市場不同品牌，和客戶一起創造空間，「將設計的權力釋放」給客戶，這也是權釋設計的初心與信念。

以服務一條龍為概念，從設計、工程到售後服務，權釋設計於創立之初即設定客戶服務的 SOP，從電話諮詢、丈量、提案、報價、簽約、工程 ... 等都有固定流程，並於此時就建置表單表格，創建專案管理的雛形，也為日後引進 ERP、EIP 為組織管理線上化，奠下扎實的根基。

edHOUSE 機能櫥櫃同時成立，於內滿足供應鏈，於外站穩市場

從以往的經驗了解到系統櫃結合木作已深受消費大眾的肯定，對於公司成本利潤與工時掌控也都有極大的幫助，從國外的趨勢觀察，環保意識抬頭，加上未來傳統工班如木工可能會面臨嚴重缺工的窘境，系統櫃將成為不可忽視的替代性建材，第二次創業時所設立的系統櫥櫃公司，在成立權釋設計的同時也改名為 edHOUSE 機能櫥櫃。

2003 年 edHOUSE 機能櫥櫃門市開幕。

室內設計、系統櫃齊備，「創空間」補足家具板塊順勢而生

因為鐵三角的組織分權讓公司能更有效率的運作，加上 edHOUSE 機能櫥櫃於內能滿足客戶一條龍服務的需求，於外則站穩市場成為產業的供應鏈，不只服務自家設計公司。短短幾年公司的營運就已經上了軌道，但我心裡仍覺得缺了什麼！由於交屋給屋主時，他們常說還要到處逛買家具十分麻煩，那是不是只要補齊「家具」這塊，一條龍的服務模式就能更為完善？於是透過權釋設計、edHOUSE 機能櫥櫃，我又轉投資成立「創空間」，自創家具品牌，「創空間」這三個字就是在此時正式出現。

2006 年創空間正式成立。

■ 經營筆記 TIPS：

- ✓ 創業不可或缺的是市場敏銳度與愈戰愈勇的決心
- ✓ 財務管理從創業的前一刻起就要有計劃
- ✓ 行銷業務、設計與工程組織分權，服務有品質落地有效率
- ✓ 專案管理對於掌控工期進度、成本預算不可或缺
- ✓ 設計師給屋主的是一個「家」而不是一件「作品」

起點開創歷經分合，
營運三大策略站穩腳步

歷經第一次與第二次創業最後退出收場，Elen 在 2003 年權釋設計成立之時已然瞭解開設計公司不是做好設計就可以，公司要能長久經營需要營運及策略，雖然當時權釋設計尚且年輕，還處於且戰且走的腳步，但藉由以往就業與創業的經驗中，對公司的廣度與深度有所布局；此階段鮮明建立產品特色，確認目標市場並且打造垂直供應鏈，都是權釋設計能夠穩定前進並且於日後擴大成為生活集團，很重要的關鍵。此外，家具設計的學經歷背景，及對系統家具的遠見，在第二次創業時即成立部門，隨著業務擴展，更成立公司獨立運作。在權釋設計成立之時，便轉型成為 edHOUSE 機能櫥櫃，成為創空間起始的兩間元老公司。

關於營運策略在接下來幾個章節，將會以政治大學名譽講座教授司徒達賢的「策略形貌分析法」的六大策略構面進行討論：

- **產品特色與廣度**：產品提供的特色如創新、快速、服務等及覆蓋程度
- **目標市場訂定**：如何確立目標市場？利基點為何？
- **垂直整合程度**：產品位於產業價值鏈的何種位置如上、中、下游？負責何種活動？研發、倉儲、原料或是銷售等。
- **相對規模經濟**：與同業相比規模大小及於何處發揮規模經濟？
- **地理涵蓋**：公司價值活動聚集或分散？地方性或全球性？
- **競爭優勢**：與同業相比所具有的優勢為何？

策略一、建立產品特色：主打系統家具結合木工，跳脫全木工市場

室內設計是客製服務，依業主需求量身打造，本就難以形成具辨識性的作品，更何況在新創求生存時期。雖是如此仍應試圖建立自己的產品特色，才能快速在市場建立品牌形象。

觀察到木工在室內裝修工程不只佔其大的項目，金額往往也是最高的，且因木工多為現場施工，講究手作技術可複製性既低又耗時，成本自然也高，而新創設計公司在創業初期，大多是先從平價市場進入，成本過高是會影響其市場競爭力。不同於木工，系統家具最大的優點就是模組化，由工廠大量製作可裁切的系統板材，再依客人的需求與空間的大小加以挑選與組裝，一般系統家具下訂之後，只要工廠製作一週，現場施工兩天即可，相較於木工至少需要進場一個月，更能夠有效降低工時及成本。

其實在歐美、日本市場，於室內設計裝修時使用模組化家具行之有年，透過可互換的模組元件，使設計更加靈活，並可以根據空間的需要和個人喜好，以模組的形式組裝和重新配置家具，提供更多的設計可能性。因此，有別於市場全木工模式，Elen 在第一次創業時就已開創系統家具結合木工模式，透過系統家具可以降低成本及工時，同時又保留木工的手工藝和細節，兩者的結合創造雙贏，既可以滿足業主價格的需求，又可以提升公司的週轉率及毛利，更重要是建立公司產品的特色。

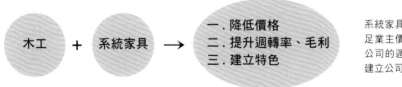

系統家具結合木工模式，滿足業主價格需求，並能提升公司的週轉率及毛利，同時建立公司產品的特色。

策略二、確認目標市場：以平價裝修為市場，建立模組化設計

產品特色與目標市場是一體的，這就像是奢侈品牌包絕不會在傳統菜市場秤斤論兩的販售是一樣道理。Elen 創業時第一個完整的設計案，推出了結合系統家具與木工的老屋裝修案，一次解決老屋基礎工程的難題並讓室內設計模組化，既縮短工期也降低預算，就已選擇平價裝修為目標市場。

爾後透過《漂亮家居》雜誌的露出（2001 年左右），吸引了希望能以新台幣 100 萬元以下進行裝修的小資及首購業主。若持續以過去設計公司裝修木工佔了整體發包的80％設計及施工模式，根本不可能用平價裝修來完成居家裝潢服務，不只材料成本無

法降低，時間成本更是問題，而室內設計又講究貼身服務，若從設計到施工落地時間過長，再多人力都回應不了大量湧入的案量。

因此在行銷策略奏效後，因應目標市場 Elen 更積極引進系統家具模組化的觀念及模式，透過模組化設計實現生產標準化，從而降低製造和裝修成本，此外，模組可以在工廠中預先製造，當到達現場時，只需進行簡單的組裝，有助於縮短整個裝修工程的時間，這些都是有利於其平價目標市場的選擇，且搭配木工創造設計的獨特性，更與系統家具廠商及室內設計公司做出區隔。

策略三、垂直化供應鏈：成立系統家具公司降低取得成本，提升競爭優勢

歐洲面臨缺工的狀況是比亞洲更早的，這也是為何系統家具會成為國外室內設計主流的原因，早年接觸系統家具時，Elen 就已推測出，家裝市場進程較晚的台灣，未來勢必會面臨薪資上漲、老師傅退休等問題，極大可能會步向歐洲缺工的狀況，這也是他會在創業之初即選擇木工結合系統家具的原因。

雖然成本已比傳統全木工來得低，但若要提升市場競爭力，就要尋求更低成本的系統家具。因此在第二次創業時，Elen 先是成立系統家具部門，簡化供應鏈，提高供應鏈的透明度，減少潛在的問題和延誤；並透過垂直整合，實現更高的效率，降低成本；且室內設計及系統家具同時在掌握之中，可以提供更一致的產品和服務，並實現品質控制和標準化。且將系統家具加入室內設計之中，除了木工與時間成本外，材料成本：包含油漆、玻璃、五金等皆下降，增加工程利潤進而提升競爭優勢。爾後隨著離職員工出去創業，陸續回頭採購系統櫃，也讓原本只是為了提升供應鏈效益的系統家具部，獨立成為公司，即是 edHOUSE 機能櫥櫃的前身。

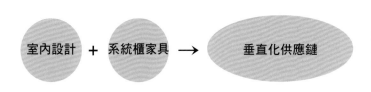

室內設計公司搭配系統櫃家具，確保貨源滿足垂直供應鏈並能降低成本。

產銷人發財資品，
建立管理系統

過去企業管理主要分為五個面向，分別是生產、行銷、人力資源、研發、財務，也就是大家俗稱的「產銷人發財」。但隨著科技的快速發展，資訊管理也成為企業管理不可忽略的第六個面向—「產銷人發財資」。設計公司經營者為設計專業出身，對於企業管理自然是一竅不通，因此大都是延續自身經歷的前公司管理方式，再經過失敗經驗的累積與土法煉鋼才能從中找出適合公司管理的方法。此次出書 Elen 重新梳理，發現公司得以持續成長苗壯的原因，與企業管理的六大面向脫離不了關係，這不只讓創空間在起點開創時期得以站穩腳步，同時也成為日後審視公司發展的重要管理指標。

起點開創時期組織圖。

結合了企業管理必要的六管，與創空間創立以來最為重視的品質管理，延伸成為七管「產銷人發財資品」，作為本書管理建置的架構，以下則就七管進行概要說明：

- **生產管理**：有效地配置資源，提高生產效率，確保生產品質，以滿足市場需求並實現組織的目標。
- **行銷管理**：透過市場研究、產品定位、價格策略、促銷活動等手段，發掘消費者實質與潛在的需求並實際滿足消費者。
- **人資管理**：管理企業有關人事的管理工作，包括招聘、培訓、薪資福利、績效評估、員工發展、勞動法規遵從等，目標是確保組織擁有足夠且具備相應能力的人力資源，以支持組織的運營和發展。
- **研發管理**：在組織中有效規劃、組織和監控研究與開發（研發）活動，促進創新、提高產品或服務的質量，並在競爭激烈的市場中取得競爭優勢。
- **財務管理**：管理企業資金，以最低的資金成本滿足組織資金需求，並控制風險。
- **資訊管理**：隨著科技的進步與發展，現在企業管理運用資訊科技提升組織的競爭優勢與經營績效，藉此達成企業目標。
- **品質管理**：確保產品與服務品質符合標準，並能達到預期功能與滿足消費者。

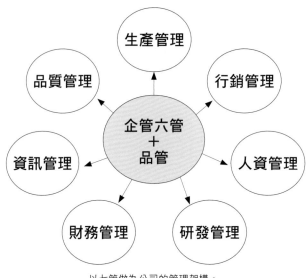

以七管做為公司的管理架構。

起點開創站穩腳步，「產銷人發財資品」管理建置：

→生產管理：專案管理建立表單與服務標準作業流程

企管六管中的生產管理於室內設計組織中可看作專案管理，專案管理幫助團隊在專案中組織、追蹤並執行工作，可以令團隊更高效地完成專案。

權釋設計於此階段，即將每個案子視為專案進行，並針對不同工作建立 SOP，建置表單表格，而對外的客戶服務，也進行服務的標準作業流程：依照電話諮詢、丈量、提案、報價、簽約、工程、售後保固等服務步驟進行規範。

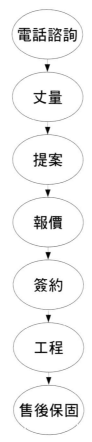

建立標準作業流程確保案件順利進行。

→行銷管理：關係行銷、媒體行銷、廣告行銷，三管齊下產生綜效

以往設計師創業攬客都是由身邊的關係進行，多半是親朋好友或是舊公司客戶，也就是所謂的「關係行銷」，但是想要快速讓大眾認識到自己的設計，只靠關係行銷一定不夠，還要借助其他行銷方式才行，其中一個就是「媒體行銷」，媒體有其傳播特性，可以有助於設計公司作品被擴散，進而「破圈」讓更多人認識，創造機會進入其它圈層。

因此 Elen 第一次與第二次創業時，即投稿刊登《漂亮家居》雜誌，以媒體行銷帶入大量案源，打破關係行銷帶入陌生客，進而讓案源變廣，然而不定期的投稿雖然能帶來客源，但卻難以持續，因此在投稿之後與《漂亮家居》雜誌簽訂年約，透過「廣告行銷」目的性的傳達品牌文化及價值，藉此達到長尾效應。

→人資管理：人力專業分工，創造內外雙贏

一般設計公司創業一開始為 1、2 人的工作室型態，在人力短缺狀態下，為了讓案件能順利完成，常採取一條龍的組織模式。一條龍是指工作採全程統包的模式，從溝通需

從創業開始即注重行銷，透過關係行銷、媒體行銷、廣告行銷三管齊下，開業第一年案量即暴增。

求、概念產出、方案形成，乃至於設計深化到發包施工、監工驗收至設計案完成，都交由專案設計師來執行。然而室內設計流程既繁且瑣，若都由設計師負責，其工時不但長，壓力也大，要是中途離職，更容易因交接不清而衍生後續問題，再加上專案設計師在短期內即能了解所有流程，如果沒有適當的留才策略，人才流失自立門戶的機率是很高的。

Elen 在第一次創業時也如一般傳統設計公司採一條龍的組織分工，但他發現這可能會產生明星效應，讓業主只認設計師不認公司品牌，且專案設計師專業程度不一更會影響後續服務。這就好像種樹分為挖洞、種樹、覆土三個步驟，若是同一人做，雖都是重複三個步驟，但每次啟動都是重新的開始，經驗累積不易，速度當然也就不快。可要是改成三個人並分工，種樹的種樹，覆土的覆土，各自負責一個步驟累積經驗，不只種樹品質變好且更快速達成，這就是經驗曲線所創造的效益。回推到室內設計經營上利用專業分工的方式，不僅能夠高效完成降低時間成本，更能為客戶端提供專業的成果，可說是雙贏的分工模式。由於第二次創業時見識到專業分工的效益，因此也造就後來創空間不同於其它設計公司的一條龍組織分工，至今仍採取行銷業務、設計、工程的專業分工。

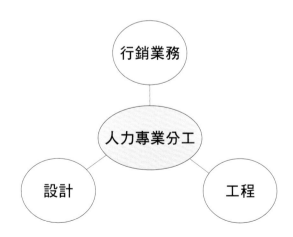

人力專業分工為行銷業務、設計、工程三大區塊，
透過組織專業分工創造高效專業的成果。

→研發管理：八二原則兼顧設計創新、客戶與營運利潤

設計創新是室內設計公司能夠永續的核心，但太專注於創新可能讓客戶的家「沒有溫度」，只是成為設計師的「作品」，且創新設計是必需付出代價的，嘗試新材質、工法都可能因重作而耗損毛利，若每個案子都要創新，勢必會影響公司的營運，該如何兼顧客戶需求與創新呢？

和客戶一起創造空間，「將設計的權力釋放」給客戶，是權釋設計創立的初衷，因此在設計方面權釋設計以人為本，以客戶為尊，將居住者品味與個性融入空間，揉合高品質生活美學於作品中，提供具有品質的產品和服務。最後權釋設計於設計創新上訂定八二原則：作品皆是由客戶需求與故事出發，但是如果客戶對於設計創新、使用新材質予以支持，就可盡情發揮與創新，將創新案量控制在總案量的兩成，在客戶與研發、經營中取得平衡。

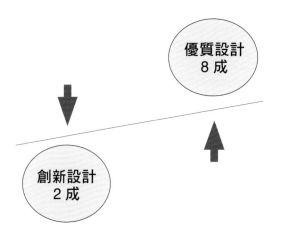

設計以客為尊，在客戶對於設計創新、使用新材質予以支持，
就可盡情發揮與創新下進行設計創新約佔總案量2成。

→財務管理：專案管理成本帳，確實了解設計成本利潤

財務管理是企業管理的基礎，能賺錢、會賺錢的室內設計公司，通常都很重視財務管理，但是許多設計公司以為自己有做好財務管理，其實只是登記金錢進出，這稱之為流水帳，可能一整年過去都不知道公司為什麼賺錢或是虧錢。由於太太楊敏琪 Vicky 為財務出身，因此在創業之初，即以專案管理模式控管財務，透過 Excel 製作專案成本帳，將每個案件分開不混淆，何時需要收錢、付款清清楚楚，而老闆需與員工相同領收薪水，讓公司的每一筆收入與支出都能條列清楚，就可避免公私帳不分、或是組織擴大時財務無法調控等問題。

→品質管理：定期回訪制度，確保業主滿意度

對室內設計公司來說，案子完工只是公司諸多案件之一，但對於業主來說卻是他們需要長久生活的空間，是他們的「家」。權釋設計從創業開始即以人為本，以確保品質為出發，從開發、規劃、設計、發包、施工、監造到完工後維護皆希望提供客戶堅實穩重、安心可靠的居住好品質，而這需要靠有效的品質管理：評估並確保產品／服務品質是否符合標準。除了在設計過程中有標準作業流程確保品質外，一件作品的完工只是開始，交屋後亦會透過定期回訪與客戶滿意度調查：業主回饋居後的體驗，於保固期間修繕，並作為後續設計時延續或改善的目標。

權釋設計
ALLNESS DESIGN

跳脫表象深究本質，
賦予空間獨特生命故事

權釋設計的創立初衷：「權力釋放給客戶」，居者擁有設計主導權，與設計師
一同於空間中實踐美好的居家記憶，詮釋獨一無二的居家場景。

以人為本，從居者故事為出發的權釋設計，2003 年創立初衷即是將「權力釋放給客戶」，居者擁有設計主導權，將其生活經驗化成設計養分，凝結美好的居家記憶，詮釋獨一無二的居家場景。

「我們希望傳達給客戶的是一份情感與溫度吧！」權釋設計創辦人洪韡華 Elen 緩緩說道，「中高端客層有著豐富的人生歷練，經歷過多樣的物質生活享受，在此之外，我們希望與他們討論更深層關於情感、關於思想層面的富足，並將這些整合為『家』凝聚溫暖與記憶點。」

創空間集團下擁有五個包含室內設計、商業空間與建築設計的品牌：權釋設計、CONCEPT 北歐建築、日和設計、權磐設計、JA 建築旅人，針對不同客群與訴求提供對應的設計態度與服務，其中權釋設計的主要客層為中高端的社會人士，這裡可能不是他們第一次裝修、唯一的居所，在居住機能外更重視的是美感與品味的提升與空間賦予居者的意義。因此權釋設計以故事為底蘊，用熱情刻畫生活溫度，將工藝美學帶入日常，把居住者的生活視為空間中的首要重點，透過「背景分析、設計概念、創意手法、情感回饋」四步驟量身訂做空間，讓居者走入空間猶如進到自己的故事中漫遊，勾勒出每一場設計的獨特意境。

權釋設計成立二十多年來，時時探討釐清：一個居者真正需要的是什麼？並透過設計者的藝術視角，將生活品味轉注空間，從外圍環境深入使用者內心。專注思考空間內涵，跳脫表象深究本質，追求人與空間合而為一的極致表現。此外，綿密細膩的服務流程更是開啟與業主的良好溝通，且提供最安心有保障的工程管理與售後服務，在品味美學與生活機能之間取得完美平衡。

1. 權釋設計以人為本，設計時是以業主想望為出發。就如同本案，回應業主的科幻夢與對黑色調的追求，於客廳以 LED 燈條的線性光束串連書房玻璃光盒注入現代而炫目的科技氛圍。

2. 安全及環境品質與設計是絕對並重，在這三代同堂的餐廳，除了運用異材質及燈飾展現大器，邊角的圓弧設計、顏色區隔高低差都能使老少居者安心生活。

品牌特色

特色 1. 以居者經歷為主軸，設計空間故事

權釋設計重視居者的生命經歷，藉由與客戶深入溝通後，賦予故事，並且延伸轉換為設計核心，令空間每一方，都擁有獨立的價值和存在意義。

特色 2. 背景分析、設計概念、創意手法、情感回饋設計四步驟

設計四步驟藉由基地物理條件（座向、氣候、格局等）與居者本身的經歷、價值觀、背景分析，發想故事後轉換為空間設計概念，最後設計師亦提出情感回饋，賦予空間的體驗與價值，由理性與感性兩者切入共築理想居。

特色 3. 安心的工程品質管理

面對高端客戶所在乎的環境品質與安全，權釋設計建置網路施工相簿，令客戶能隨時掌握施工進度，標準作業流程通過 ISO 認證，且具有設計施工保固 2 年、系統櫃保固 5 年與完工週年的油漆修補服務，無論是售前售後皆是安心有保障。

特色 4. 細緻的服務流程賦予尊榮感

服務高端客層，講求獨一無二的尊榮感，權釋設計透過縝密周到的服務流程三步驟：諮詢溝通、設計規劃、工程施作共 18 個流程，提供業主設計以外的無形價值。

步驟一：諮詢溝通	步驟二：設計規劃	步驟三：工程施作
01. 電話諮詢 →	01. 設計發想 →	01. 開工拜拜 →
02. 公司簡介 →	02. 圖面討論 →	02. 工程進度排定 →
03. 現場丈量 →	03. 建材挑選 →	03. 傢飾搭配 →
04. 配置圖討論 →	04. 設計定案 →	04. 完工交屋 →
05. 風格解說 →	05. 工程報價→	05. 拍攝完工照片→
06. 設計合約	06. 簽訂工程合約	06. 完工交付保固手冊

長年在海外工作的屋主夫婦，權釋設計以王維《使至塞上》為發想，並以候鳥飛行，在空間展現屋主不斷跨越地域、提升境界的旅程。

Case 1. 毛胚屋／98坪／4房2廳2衛
徙境之間／遷徙之間展演藝術風華

背景分析：長期旅居海外的國際企業家

長年在海外工作的屋主夫婦為國際企業家，於世界各地有生活據點，希望回台灣家鄉有一處能跳脫制式、品味獨具的藝術宅，權釋設計於發想時以王維《使至塞上》端想屋主久居海外的壯志豪情，並以候鳥飛行，呼應企業家的飛行往返，在空間刻畫屋主生命中不斷跨越地域、提升境界的旅程。

設計概念：以候鳥遷徙路徑發想

由於屋主時常來往廈門和台灣之間工作與生活，設計者以一條貫穿全局的候鳥遷徙路徑發展空間配置，並精選材質呼應空間的表述語彙：玄關作為返巢時所見的台灣沙岸樣貌，客廳則是飛過的海洋，過了海洋後便是俯瞰

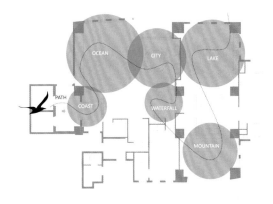

徒境之間平面動線圖:
以空間書寫候鳥歸巢路徑,飛經玄關沙岸、客廳海洋,並鳥瞰餐廳與中島所象徵的城市光景,而進入私領域以瀑布意象長廊洗淨鉛華、書房比擬山林深化人文底蘊,最後回到湖泊主臥休身養息。

城市繁華。用瀑布意象作為進入私領域的疆界,山陵是深化人文底蘊的書房場域,湖泊是休憩的場所。

創意手法:將台灣海洋、沙岸、山脈印象融入設計

玄關內外以海岸特性與燈塔意象指引遊子返家之路;客廳電視牆閃爍藍色結晶的百達翡麗深色大理石隱喻海洋意象,猶如搭機回航的海景;而餐廳展示櫃豐富藝品、藏酒演繹主人的嗜好品味與人生閱歷,廚房自動門以縱橫交錯的象限比擬候鳥鳥瞰城市畫面;旋入私領域,長廊牆面壁布與天花板弧形鋪排瀑布寓意通過洗滌與蛻變,書房內堆疊天花板層次,演繹山岳的層巒疊嶂,形塑深化人文底蘊的場域,而在飛越萬重山後停靠靜謐的湖泊──主臥室運用對稱手法講述水光倒映,搭配翠綠大花刺繡窗簾布,映襯虛實的湖光水色,在忙碌奔波的日常回到一片寧靜得以沉澱,成就心靈恆久的定錨寄託處。

情感回饋:聆聽屋主生活樣貌梳理理想家園

權釋設計聆聽屋主生活樣貌,將其梳理成理想家園的設計概念。用候鳥遷徙比喻屋主來回台灣和廈門的生活型態,並在各個空間呈現出候鳥遷徙時所見的景色樣貌。回家,即為候鳥返巢時的路徑,穿越重重邊界,在家中找到一處休憩之地。如何運用建材呈現每個空間的隱喻是本案設計的一大挑戰。採用多種大理石,貫穿各個空間的意象。如玄關處的天使之心隱喻飛回台灣時所見的沙岸,電視牆的百達翡麗則呈現海洋的深層底蘊。衛浴地板的石材則是大理石打磨後,由設計團隊一塊一塊親手完成。

3

1. 大門兩側古銅金壁燈隱喻燈塔讓遊子安心歸航，外玄關波紋狀藍色壁布與內部天使之心大理石內玄關牆相互呼應，其內藏燈則賦予歸來的溫暖氛圍。

2. 客廳作為招待交際場所，以海洋為題，強調海納百川、有容乃大。百達翡麗深色大理石電視牆與沙發區深藍綠漸層絨布地毯演繹開闊大器的汪洋景象。

3. 中鳥主牆運用縱橫交錯的塊體線條以鍍鈦鑲嵌鏡面與水波紋、長虹、格紋、瀑布花四種壓花膠合玻璃呈現，透過虛實豐富的質感呼應候鳥飛行鳥瞰城市之景。

4

5

6

4. 餐桌吊燈彷彿候鳥展翅飛翔，賦予空間動感，而餐桌後的開放式展示櫃以英式古典勾勒藝術氣息。

5. 書房以起伏的天花板層次隱喻候鳥飛越萬重山及學問如山高海深需時刻精進的精神砥礪，而淡金青壁紙則點綴綠意。

6. 主衛浴以藍綠色系延續湖泊語彙，地坪以大理石拼貼圈圈連漪，並選用磨石了填縫，提升止滑效果，同時展現高超的工藝實力。而彩繪玻璃淋浴玻璃門，則以淡淡的紋理展演空間層次。

一家五口的未來居宅迎光而生，融合輕奢與簡鍊個性，承啟全家人的生活故事。

Case 2. 透天別墅／ 101 坪／ 5 房 2 廳 4 衛

光合 ‧ 光盒／迎光而生，
家人最溫暖的所在

背景分析：重視教育與生活的幸福家庭

建築師 Louis Kahn 曾說過：「A Room Is Not A Room Without Natural Light.
（沒有自然光的房子不能稱為房）」一到午後就會被陽光擁抱的複層住宅，
是一家五口的新居所。業主夫妻為了孩子們未來的教育考量搬到這棟三層
的透天住宅，並期待這間迎光而生的宅邸承啟了全家人的生活故事。

設計概念：以「光盒」為發想

本案圍繞著人、空間與光線，將空間視作盛裝自然光線的有機盒子，讓親
子間的情感流動其中。如同植物的光合作用，家中每天都有新的能量注入，

光合 · 光盒一層、二層、三層平面配置圖：
三層一戶的透天依照使用需求劃分公私領域，一層為客餐廳、二層為孩童起居室與臥房，三層則是主臥與戶外露台，創造共享又獨立的生活動線。

歡笑不斷。空間分層劃分公私領域：一層為客餐廳等公共空間、二層為起居室與兒童房、三層則是主臥及露台，並在每層依照居者個性塑造不同風格，包含女主人喜愛的輕奢與童趣風。

創意手法：透過材質、光線、色彩賦予靈動變化
善用建築本體採光良好優勢，客餐廳空間運用深淺材質搭配，將整體空間俐落劃分。搭配燈條的光線延伸，放大長向空間的視覺感，也是可讓幼兒盡情奔跑玩樂的長廊動線；主臥房運用深色塗料牆面與燈條，強化空間立體的轉折視覺，讓家彷彿是個充滿驚喜與變化的有機盒子。而作為全家互動場域的餐廳，在中島上懸掛五顆吊燈，隱喻五位家庭成員。吊燈不規則的形狀與燈光變化，猶如不同家庭成員的能量在其中流動。

情感回饋：透過設計賦予家的獨特能量
「家」對每個人來說，有著不同的含義。權釋設計從建物自然採光優勢出發，融合業主家庭背景及需求，將「家」定義為蘊含光能的有機盒子。白天的自然光線和夜晚的氣氛燈交織出家中特有的能量，大人小孩在其中恣意遊走，感受身心靈上的寧靜，並一同享有屬於家人的歡樂時光。

3

1-2. 客廳電視牆透過奢石與鍍鈦金屬展現輕
　　 奢，而中島上懸掛五顆吊燈，吊燈不規則
　　 的形狀與燈光變化，猶如五位家庭成員的
　　 能量在其中流動。

3.　 開放式客餐廳運用深淺材質搭配，輔以照
　　 明俐落劃分場域，並且延伸放大長向空間
　　 的視覺感。

6

7

4-5. 三層主臥區以沉穩咖啡色系為主調，床頭格柵賦予寧靜舒適的的場域氛圍，天花則透過燈條巧妙界定空間層次；而主衛浴則以深色大板磚鋪陳勾勒放鬆的沐浴時光。

6-7. 二層為起居室與孩子們的房間，公共空間透過具有森林的壁紙搭配木質斜頂天花塑造放鬆童趣的生活天地。

重整帶有回憶與感情的空間，迎向三人共居的寫意日常，更為未來可能的新成員做準備。

Case 3. 中古屋／71坪／2房3廳3衛
享居／勻衡美好，同心共享

背景分析：成員改變進行翻新

屋主夫妻常住於此，因期望兒子搬回來一同生活，故開始此次的老屋翻新計畫。空間除需克服房屋自身的限制，還需規劃出符合每位家庭成員的需求空間，提升整體居住的生活品質。

設計概念：三人共享家庭空間

一個人餘裕的獨享，兩個人浪漫的分享，多個人同歡的共享。仨人需求各異，共居求同，享受各空間的平衡與互動。人與人、人與空間，彼此之間的互動關係十

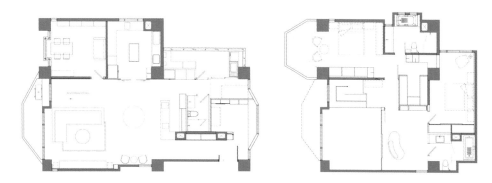

享居平面配置圖：
為適合三人或是往後更多家人的生活，老屋重新梳理格局動線，將阻礙家人溝通的隔間泯除，敞開兩層樓讓日光溫暖灑落全室，引領家人與空間緊密交流。

分緊密，讓這層關係更彈性是空間設計需要帶給居住者的體驗，空間之間的流動直接影響到居住成員的互動關係，無論在公領域或私領域都能自在轉換互動，享受靜謐閒適或溫馨喧鬧。

創意手法：兼顧機能安全同時展現輕奢

一進入空間，潔白光滑的大理石電視牆將外部的光亮引領至室內，令公區映照得更顯寬闊，並凸顯異材質堆疊層次感；樓梯老舊扶手因結構性問題予以替換，讓上下動線更為安全，同時，深木質搭配金屬鐵件的新扶手不僅耐久度高，並展演現代輕奢風格。旋入主臥以現代典雅風格為主調，淡褐色牆面搭配光澤淺木地板令夫妻溫馨舒適的日常起居更顯優雅質感。此外，設計師巧用邊角將更衣室分為男女兩室，各自獨立，讓業主享有自己的私人空間。

情感回饋：除了家賦予更多價值

「不單只是個家，而是能在家的框架下，創造出更多的附加價值。」此案重新梳理流暢動線，發揮老屋挑空優勢條件，抹除厚實隔間限制，敞開兩層樓高挑明亮感，延攬兩層樓落地窗傾灑而入的溫煦日光，牽引家人與空間緊密交流。傾聽並解決每位家庭成員的需求，是設計師展現空間關係的理性及感性的理解能力，每位客戶猶如電影導演，對未來的居住空間有許多美好意想，而設計師好似編劇將導演的想法譜成劇本，具象化那些一幕幕綺麗的場景空間，令對未來生活的想像翩翩起舞，落地實踐。

1-2. 整體空間以柔和優雅的奶油白為基調，採
取開放式設計的廳區透過潔白光滑的大理
石電視牆將外部的光亮映射至室內，更顯
寬闊明亮。

3-4. 家人一齊共進早餐或晚餐是凝聚感情不可
或缺的生活儀式感；吧台異材質的搭配則
使此區風格更加獨特俐落，下班回家兩夫
妻斟兩杯波本威士忌，為忙碌生活注入淡
淡的、常醇的浪漫。

5. 因結構性問題，替換老舊扶手，令上下移動
更為安全順暢，一階階踩著階梯看著水晶
燈慢慢升高，亦成為家中放鬆的舒心路線。

6

7

6-7. 淺褐石薄板牆打造沉穩內斂、靜心創作的工作空間，並預留為未來家庭成員的房間，而暗色透明拉門將自然光輕巧帶入並且界定公私領域，提供必須的隱私。

8-9. 私領域空間延續公區的現代典雅與柔和風情，無論是主臥或衛浴空間，平衡舒緩的色系如安神精油撫慰在外辛苦一整天的身心。

edHOUSE
機能櫥櫃

跳脫傳統框架結合異材質，
系統櫃的藝術家

edHOUSE 機能櫥櫃，致力於系統家具應用，結合木工工法與使用異材質跳脫傳統系統櫃框架，並以「服務、專業、熱忱」的理念，提供客戶高品質、多樣化的搭配選擇。

edHOUSE 機能櫥櫃，ed 為「easy design」的縮寫，意指能輕鬆容易地設計於空間之中，創始以來即秉持跳脫傳統系統櫃格式為宗旨，以木工的工法運用在系統櫃，突破系統櫃結構、線條比例、特殊造型、尺寸規範等限制，承襲工匠職人的使命，致力成為實踐設計的藝術家。

edHOUSE 機能櫥櫃的特色在於將系統櫃結合木工工法，由工廠大量製作可裁切的系統板材，並透過組裝師傅結合木工手法組裝，既能擁有系統櫃的快速，又能達到木工的細膩與客製化，呈現曲線、挑高、延展等一般系統櫃難以達成的造型，並且突破系統櫃限制──系統櫃板材是將木頭攪碎後壓製而成，因此櫃體跨距承重有限，因此 edHOUSE 機能櫥櫃一直嘗試將系統櫃與異材質如鐵件、鋁件、玻璃等結合，加強結構性與設計美感，深受設計公司喜愛，被譽為「設計師御用」的機能櫥櫃品牌，且擁有業界最多面材種類與材質，以標準化作業程序，提供設計師優質的系統櫃訂製服務。

edHOUSE 機能櫥櫃採用歐洲進口 Egger 板材與義大利 Cleaf 板材、川湖三節式緩衝回歸滑軌、Blum 內建緩衝鉸鍊與門片專用緩衝，皆具有檢驗報告，確保使用安全與持久度，並皆享 5 年保固與終身服務。edHOUSE 機能櫥櫃不僅利用板材特性、細緻工法、配色設計，結合環境及空間，將系統櫃與異材質完美結合，更是提供客戶最高品質的產品與服務。

1. edHOUSE 機能櫥櫃善於與設計師溝通，突破系統櫃可能性，例如此案利用系統櫃搭配不同門板材質，再加上嵌燈條營造氣氛也方便拿取衣物。
2. 擅長將系統櫃與異材質混搭的 edHOUSE 機能櫥櫃於此案利用木工工法與鐵件結合營造出空間穿透感並符合機能需求。
3-4. 系統櫃適用於各式空間無論是住宅空間或商業空間，edHOUSE 機能櫥櫃皆能提供完整的服務。

3.

4.

品牌特色

特色 1. 為設計師提供專業建議

具有室內設計的基礎，透過溝通了解設計師需求，調整系統櫃的結構及施作過程，協助達成設計師的設計理念與風格。

特色 2. 異材質結合施作突破系統櫃限制

相較於傳統制式化的施作方式，edHOUSE 機能櫥櫃能將系統櫃與木工、鐵件、特殊五金等異材質混搭，提供更為客製化的服務。

特色 3. 多元應用項目

各種室內空間不論是住宅或是商空，從客廳、餐廳、臥房、浴室到廚房，或是商辦、門市等，edHOUSE 機能櫥櫃皆有完整的服務。

特色 4. 完整的專業服務流程

對於業務人員及配合施作工班進行教育訓練，並且制定一套完整的 SOP 服務流程，確保最完善專業的系統機能櫥櫃。

步驟一：諮詢與討論	步驟二：簽約與製圖	步驟三：施作與驗收
01. 電話諮詢 →	01. 確認簽約 →	01. 板料下單 →
02. 討論需求 →	02. 櫃體出圖 →	02. 期中付款 →
03. 初次丈量 →	03. 修改討論 →	03. 進場施作 →
04. 初估報價	04. 現場丈量 →	04. 完工驗收 →
	05. 訂金付款	05. 尾款付款

MD 樸敘空間相機王大直旗艦門市

空間：商業空間

設計重點
系統櫃結合異材質與木工工法，創造吸睛效果與實用機能

商業空間因為需求量大與施工期短的因素，常使用系統櫃規劃，而 edHOUSE 機能櫥櫃從丈量、製圖到施工，在每一個細節之處下足功夫，與設計師一同完成繪製的設計藍圖，滿足業主的所有需求與高標準。如 MD 樸敘空間相機王大直旗艦門市此案，全面使用系統板材運用木工工法。挪除隔板上對齊排孔，提升櫃體的精緻程度，亦大幅美化展示櫃，於此同時，也使得施工的難易度大幅增加。edHOUSE 機能櫥櫃 以多年的實戰經驗與技巧累積，將 105 片層板完美對齊，此外，亦打破傳統系統櫃方正而死板的框架，經過精密的計算，構築視覺曲線型的展示櫃，並且結合玻璃材質打造抽拉櫃，以獨特的工法完成業主與設計師的要求。

空間：客廳

設計重點
確認需求客製系統櫃，異材質結合增加承重與造型

客廳是接待親朋好友的重點社交區域，也是家人主要的情感交流空間，舉凡看電視、電影、聊天、閱讀等皆可能在此進行，也因此客廳區域收納不再以單純電視櫃為主，也許會納入展示、閱讀等更為多元的用途，edHOUSE 機能櫥櫃建議設計前須確認需求後再進一步推導出本區的系統家具規劃。此外，客廳電視牆接續玄關或餐廳

日和設計

是常見格局之一，牆面長度橫跨不同空間，櫃體機能安排、造型設計及材質整合，便成為重要關鍵要素，例如鞋櫃約為 35 ～ 40 公分、設備櫃可能為 50 公分左右，兩者之間需要透過安排達到和諧一致。而客廳櫃體常是視覺焦點，局部搭配木工或運用板材花色亦能這面多功能的櫃牆更具變化性。如權釋設計此案（左頁圖）edHOUSE 機能櫥櫃利用系統櫃搭配不同門板或與特殊石材，再加上嵌燈條營造出奢華質感。而日和設計（上圖）客廳書櫃將系統櫃與鐵件結合增加承重與造型。

日和設計

空間：餐廳與廚房

設計重點
餐櫃精密計算尺寸，整合周邊電器令設計更美觀統一

有別於傳統廚房的窄小狹長，edHOUSE 機能櫥櫃認為現代化餐廚除了要能夠形塑居家生活的輪廓，更要讓使用者心悅神怡，如覺壹設計（下圖）大面積的系統餐櫃經精密客製規格與各電器緊密結合，並透過櫃體兩側的燈條，展現廚房設備的統一性，彰顯高級氛圍。而日和設計（左頁圖）edHOUSE 機能櫥櫃採取機能式收納，令料理空間更為便捷好用。

此外，規劃櫥櫃使用尺度需要特別注意：吊櫃配合抽油煙機高度，距離檯面約 70 公分，深度約 40 公分；內部可以層板區隔，收納少用的備品或輕巧杯盤。而流理檯面是廚房重心，洗、切、備、烹皆在此進行，為了實用度與整體美觀，寬度 80 ～ 100 公分最佳，下方櫥櫃善用五金配件：五金拉伸櫃、轉角底櫃旋轉盤等，可靈活使用畸零角落，讓動線及角度更為順暢。

覺壹設計

Three Squares Design　　　　石坊空間設計　　　　CONCEPT 北歐建築

空間：臥房

設計重點：
edHOUSE 機能櫥櫃突破系統櫃限制，結合異材質滿足收納

臥房是私領域且需要櫃體收納衣物，因此選用系統櫃是最適合不
過，但櫃體大小與造型，不只影響到臥房空間風格呈現與其它家具
安排，如果規劃不周全還有可能造成困擾：例如衣櫃收納量不夠等，
因此應有完整且符合使用者的收納規劃，才能為居在其間的主人提
供一個整齊舒適的寢臥空間。如 Three Squares Design 此案（上圖
左），edHOUSE 機能櫥櫃透過多次丈量，與設計師討論地面傾斜
角度、門邊寬度，門框距離等多種實際施作面問題，將主臥室的牆
壁木工做出框、壁，再搭配木工框架，延伸櫃內空間，改變門片做
法，作為大型收納系統衣櫃，是系統櫃結合木工的成功案例。另外
臥房空間小，複合式設計更能滿足收納需求，edHOUSE 機能櫥櫃
於石坊空間設計此案（上圖中）床頭側邊設計可折疊的平台，方便
擺放寢臥小物。而在 CONCEPT 北歐建築的臥房空間裡（上圖右），
edHOUSE 機能櫥櫃將簡約與機能融合，美感一體成型。

空間：衛浴

設計重點：
衛浴濕氣重，需慎選系統櫃材質、五金

衛浴空間濕氣極重，因此在裝修選擇系統櫃時就更應該重視材質的選用，板材建議使用發泡板，其防潮力高且質地輕盈、好清潔，而美耐板因為耐磨、耐熱又好清理，也常用於浴櫃表面材。例如權釋設計（右圖）質感黑的下櫃選用具有防水特性的系統板材令浴室風格更完整之餘兼備機能。此外，五金的挑選也十分重要，要選擇抗鏽耐蝕的五金零件，尤其是用來連結門板與櫃體的鉸鏈，耐用度與防鏽是浴櫃挑選的要點，edHOUSE 機能櫥櫃採用德國進口五金，能為使用者提供最優質堅固的系統櫃，並且善於與設計者、消費者溝通客製最符合使用的功能，物間設計（下圖）此案即是透過與設計師的溝通，在鏡櫃底部設計洞口便於衛生紙的抽取。

權釋設計

物間設計

物間設計

Chapter 2.
摸石過河 2007 ～ 2011

權釋設計 ALLNESS DESIGN

創空間 CREATIVE CASA

匠職人

門口HOUSE
機能櫥櫃

BoConcept

鞏固基礎多元發展，
設計、工程、家具一條龍

常言道：「失敗為成功之母」，經由兩次創業失敗的經驗，摸索到設計公司最堅固的行銷業務、設計、工程鐵三角組織配置，並且期望和客戶一起創造空間，「將設計的權力釋放」給客戶，以客戶所需為本，這也成為往後權釋設計能轉型並且自創、代理品牌家具的動力。

權釋設計藉由 500 萬客戶轉型經營高端

因為和《漂亮家居》行銷合作奏效，透過媒體行銷與廣告行銷接到不少案源，我們也開始思考如何提升品牌力，賦予權釋設計更高的品牌價值，因此 2009 年與《漂亮家居》編輯部合作出版創空間的第一本書《我家就是五星級飯店》，教導讀者如何打造像五星級飯店一般的家，而也在這個時候迎來了權釋設計第一位 500 萬台幣裝修（含家具設備 1,000 萬）的客戶。

2009 年與《漂亮家居》編輯部合作出版創空間的第一本書《我家就是五星級飯店》，迎來了權釋設計第一位 500 萬台幣裝修（含家具設備 1,000 萬）的客戶。

服務施工跟不上高端客群，吸取經驗優化 SOP

能得到高端業主的認同尋求服務，當然是件值得高興的事，只是以平價為目標市場的我們，對於高端市場不只缺乏裝修經驗，連服務應對能力都必須要提升。進入工程階段，很快地就接到客戶的投訴與抱怨，原來，權釋設計的設計美學雖然可以滿足客戶，但工程品質及管理卻是遠遠跟不上高端客戶的需求，仔細觀察發現豪宅內皆是一級維安、一級管理及與之相對等的工程方，這樣的客戶需要一對一的貼身服務，但當時權釋設計以大眾客人為主，講求快、狠、準的標準化作業流程，用同一套方法服務豪宅客人，當然與他們的期待差之甚遠，幸運的是，這位受日本教育的企業二代並沒有尋求其他擅長豪宅的室內設計公司，而是願意告訴我們哪裡不足，哪裡需要改善，並給予詳盡指導，當時他說：「只要你們能在服務流程更精進，就能再往上一階接觸高端客人。」他闡述金字塔頂端客人的生活型態，與其所要求的設計品質，例如指正製圖不夠詳細，相對影響施工精準度，或是引領我們學習豪宅專業的空調系統，甚至帶著我們到澳門參觀高級飯店與餐廳，吸收國際化的設計，而這也促使權釋設計決定再造服務流程，轉往高端客層前進。

講故事為客戶打造專屬獨一無二的家

在重新審視服務流程的同時，我們也意識到面對豪宅客戶裝修案，設計、工程是基本，更重要的是提升其生活品質與營造空間的獨特性，而《我家就是五星級飯店》這本書主要是透過一個一個屋主的故事引起讀者共鳴，將屋主的生命軌跡、經歷書寫成設計故事並注入於空間之中，是不是更能為家賦予靈魂，獨樹一幟呢？這也和權釋設計創始初衷「將設計的權力釋放」給客戶能相輔相成，由此奠定日後創空間「為空間講一個獨一無二故事」的根本。

> **" 有貴人相助，也要看自己能不能借力使力往前邁進！ "**
>
> —— 洪韡華 Elen

懷抱家具夢自創品牌卻慘澹收場

當權釋設計營運步上軌道，這時新莊的紐約家具設計中心希望有室內設計公司進駐，因此邀請我們過去參觀，並給出十分優惠的展間價格，然而我在裡面繞了又繞發現一件事覺得很困惑，於是開口問紐約家具設計中心的負責人：「為什麼你們的展場這麼大，一館做進口家具，二館做訂製家具，但怎麼就是沒有台灣自創的品牌呢？我想要創立家具品牌。」負責人笑著說：「Elen，你不要想空想縫（台語，想東想西），自創品牌是不可能成功的啦！」

當時的我正熱切懷抱著自創品牌的家具夢，對於前輩的提點根本也聽不進，反而心中暗許要成功打造自創家具品牌的夢想！加上在服務業主時聽到「市場上沒有完整的家具配置公司」發現市場空缺，於是決定整合產品設計人員，研發自有原創家具商品，創立「創空間」，並承租紐約家具設計中心其一展間作為創空間的基地與展示中心。

台灣只有進口和訂製家具，自創品牌真的沒有生路？

一切如火如荼火速展開，當設計師畫完家具設計圖後，我開始走訪各大家具工廠打算進行生產，這時廠裡的師父問，是要訂製哪一款？當時鼻子還翹得很高驕傲地回了一句：「我這是自創品牌。」而也是在此時才知道生產家具是需要開模製版，且佔了前期一筆不小費用。不過既然決定了，產品當然要用最好的設計、最好的材料，當做出第一張沙發送到創空間的展間，還轟轟烈烈的舉辦開幕式，成功賣出時更是興高采烈地放鞭炮。

自創品牌成本高虧損連連，轉型軟裝室內設計公司

但是！有一件事沒說，這張沙發光是成本就需要 18 萬台幣，售價已經和其他國外進口的中高階品牌家具相當，要降低成本就得要有相對應的產量。然而品牌名聲還沒擦亮，無法提升銷量，業績自然十分慘淡，只好想方設法將家具推銷到自家室內設計的案場裡，卻還是不足以支撐品牌，最後甚至拿東牆補西牆，將權釋設計、edHOUSE 機能櫥

櫃的盈餘去貼補創空間的虧損，短短一年間已經填補了幾百萬台幣，我想著：「不行！不行！不管怎樣一定要讓創空間活下去。」最後決定讓已有營運基礎的室內設計加入創空間，而為了與主打高端客群的權釋設計有所區隔，便另外聘請軟裝總監，將創空間轉型為以軟裝佈置為主軸的室內設計公司。

觀察市場以軟裝設計出發闢出新局

創空間在轉型軟裝室內設計公司後，營運狀況好轉，轉虧為盈，這是因為當時觀察到市場上較少見軟裝為主、硬裝為輔的室內設計公司。台灣和歐美、日本的室內設計市場有著極大的不同：台灣因為歷史發展進程與房屋狀態，及消費者期待與旁人不同的居家設計，因而硬裝設計多於軟裝設計，而歐美、日本室內空間則走向模組化：較為一致的格局規劃，只要利用軟裝設計就可以切換生活情境，半客製化的形式，使空間擁有高度彈性變化，可以隨季節、心情自由調整情境氛圍。注意到這一點，便將軟裝佈置為主的模式導入創空間之中，並同時區隔市場：權釋設計經營高端客群、創空間則以質感品味及年輕族群為導向。

認清台灣經濟規模，終止自創家具迎向代理之路

創空間自創家具失利，除了不斷虧損外，最後決定止血還有一個原因，就是到了大陸東莞更加體認到光是靠台灣的經濟規模是難以養活一個家具品牌；當時帶著家具設計圖在台灣尋求製作自創家具的工廠，卻不斷遭到拒絕，因而轉前往大陸東莞，透過朋友引薦當地的家具大佬，他也是台灣人，聽聞創空間在自創品牌便說道：「Elen 你有勇氣，我挺你啦！」拿著我們的圖生產了兩個貨櫃的家具運到台灣來，一毛錢也沒收，我百思不得其解，好奇為何願意支持自創品牌？一問之下才得知，原來大佬都是幫知名品牌家具—BoConcept 代工。一筆訂單就是 20 萬張沙發，成本跟自創家具當然有很大的落差，所定的價格自然更有優勢，而且還是掛著北歐設計，其品牌整合了家具、燈具、地毯、飾品遍布全球。

「BoConcept 是全球工廠，我光做 BoConcept 其中一個產品，就有極大的收益，但這一輩子最遺憾的就是沒有自己的品牌。」大佬說，他在代工時認知創建品牌不只需要有極大的資本，並且極耗費心力才有可能達成。雖然也曾想做品牌，只是好不容易擁有資金自由時，年齡也屆退休階段，因此始終沒有勇氣，所以願意支持我這樣一個初出茅廬的小子，此時我也深刻體認到台灣與全球經濟規模的差距，即使自創品牌的心情一直沒有停歇，卻也決定暫停並轉向代理之路。

"
前進夢想不要剛愎自用，確定自己做不到就轉換跑道！ "

—— 洪韡華 Elen

代理進口家具，創空間轉虧為盈

極具設計感的外型，來自北歐丹麥的 BoConcept，擁有家具家飾全系列商品，是我自創品牌的終極夢想，考慮到資金與台灣的經濟規模，決定暫停自創品牌家具的想法後，轉而希望能代理 BoConcept，向國外成熟的設計品牌家具學習，便遍尋其連絡方式。

家具顧問眼光獨到，首先代理 NicolettiHome

透過曾經將 BoConcept 引進台灣的經銷商提供 BoConcept 的聯絡方式，並由其引薦了資深且與 BoConcept 家族熟識的家具顧問，同時在這位顧問領路下，帶著創空間夥伴們前往德國科隆、義大利米蘭家具展，此行令我們眼界大開，認識並學習到不少家具品牌，但遺憾的是一直沒能和 BoConcept 取得聯繫，持續不斷 Email 到總部也都石沉

大海。雖不得其門而入，行動派的我卻早已在紐約家具設計中心又租下一個展間等待 BoConcept 入駐，家具顧問說：「這樣乾等下去也不是辦法，新展間總不能一直空著，建議先引進一個義大利的家具品牌，非常適合台灣市場，一定會熱賣！」這就是創空間第一個代理的家具品牌—NicolettiHome。

2009 年前往德國科隆家具展成功代理創空間第一個家具品牌—NicolettiHome。

市場就是王道，做生意要懂得看數據

來自義大利南部的 NicolettiHome，平心而論對於設計師來說過於平實、樸素，因此在決定代理之前，心裡有一番掙扎，然而在實際試坐後，符合人體工學的設計，能感受品牌對家具設計真正的熱情、對細節的深入關注、以及不斷尋求設計與舒適之間的平衡，我被產品的本質說服了，和 NicolettiHome 簽下合約。

第一個 40 呎的貨櫃進到台灣後，果不其然如家具顧問所說，這是台灣顧客會喜歡的商品，沒過多久就完銷。原來設計師的眼光真的很狹隘，且太過主觀：喜歡鮮豔跳色，設計感獨樹一格的產品，與一般大眾的認知與喜好相當不同—台灣客人偏好色彩沉穩低調、舒適的家具，難怪許多設計師代理品牌家具常以失敗作結，這堂課也教會我做生意就要懂得看數據，「市場就是王道」。

隨著代理 NicolettiHome 到台灣半年，因為家具大賣，貨櫃一個一個進來，創空間初嚐進口家具的高收益，也在這時 BoConcept 回信了，他們決定到台灣來勘查市場。

台灣準備好了！迎向 BoConcept

夢中情人—BoConcept 終於有回音，當然是喜不自勝，帶著 BoConcept CEO 一行人浩浩蕩蕩的到台北的各區—信義計畫區、內湖、大安區等地勘查，看完後他說了一句：「台灣準備好了！可以開店了，第一間店要開在內湖，第二間店則開在大安。」當下聽到覺得很神奇，怎麼能這麼斬釘截鐵隨口就說出把店開在哪裡？後來才知道原來 BoConcept 總部有選點評分系統，只要將全世界各地的地址輸入，就能透過大數據獲得評分，確認此區域是否適合展店，而這也是我前面所說的：「做生意就要懂得看數據」，有這麼先進、科學的展店方式，更加深創空間要代理 BoConcept 的信念。

2010 年 BoConcept 來台決定代理商，最後決定將代理權交由年輕有活力的創空間。

> ❞
> 選點創業不能自以為，否則就是失敗的那 90%！
> ❞
> —— 洪韡華 Elen

BoConcept CEO 來台參訪，有三家廠商希望代理 BoConcept，但他們最後決定將代理權交由創空間，我們是三家爭取代理權中規模最小的企業，但 BoConcept 認為託付代理猶如婚姻，創空間年輕有活力，理念、團隊與其相符因此決定交付予我們。能雀屏中選自是摩拳擦掌、欣喜若狂，但這時候 BoConcept CEO 又說了：「BoConcept 和以前不一樣了，不是授權代理，而是授權加盟，開一間店 2,000 萬台幣，兩間店 3,500 萬，等你們錢匯進來就馬上簽約。」說完後就瀟灑離去，留下一臉錯愕的我。

加盟 BoConcept，提升創空間品牌力

3,500 萬台幣並不是一個小數目，當時公司的資金幾乎都投入 NicolettiHome 與展間的租金上，無法立即籌措到這麼大筆的金額，但是加盟 BoConcept 的心意已決，這時我召集全公司的股東和員工，發起了募資說明會。

一週籌措 3,500 萬開店資金，三個月火速開幕

為了籌措資金，首先展開公司內部的說明會，因為 BoConcept 的名聲與公司成立以來所累積的信譽，內部員工對我們展現極大的支持，短短的一週內就募集了 1,000 萬台幣，而我也在同時用自己的房子借貸並尋求外部股東，終於籌到 3,500 萬，而公司的股東也一口氣來到 26 位。事後提及這段我常笑話自己有如詐騙集團，當時還有員工的父母找上門，質疑去公司上班不就是去賺錢，怎麼反而倒過來要掏錢投資。就是因為代理 BoConcept，種下了日後創空間必須成為控股公司的種子。

一個禮拜張羅到 3,500 萬台幣，兩間店隨即如火如荼的展開裝潢，授權加盟是將 BoConcept 的理念、店舖、產品完整引進台灣，如同星巴克、麥當勞在台展店的模式，因此空間設計是以 BoConcept 總公司所訂的規格執行，總公司也派人來台輔佐開店。而在台灣的我們則是全體總動員，為了能盡快開幕，空運所有家具、產品來台，這中間無休甚至還常常加班至半夜，忙著拆包裝、佈置展間及建置營運系統，原先總公司表定半年後開店，在全公司同仁不分日夜頃全力地進行下，簽約三個月後即在內湖盛大開幕。

BoConcept 前期投入高，回本緩慢

終於把夢寐以求的家具品牌迎娶進門，當然是欣喜萬分，但是後來的發展卻和原先的預期不太一樣：人說「水某歹照顧（台語，漂亮的妻子難照顧）」，與 BoConcept 加盟經營和代理 NicolettiHome 完全不同，NicolettiHome 就像是賣進口車，一輛一輛銷售相對單純，而 BoConcept 需要整個供應鏈的管理：有專屬的組裝師、配送、物流以及倉儲，這也代表前期需投入相當高的成本，短期間是無法有明顯的獲利，而為了穩定配送的品質，更是在一開始的階段就成立倉儲物流中心。這時又面臨了與先前創空間相同的困境，但這次不只沒有賺到錢，更重要是對更多信任我的員工股東們負責。

> " 有夢最美，但美夢成真靠的是實力與行動力！ "
>
> ── 洪韓華 Elen

BoConcept 在三個月內就盛大開幕。

三家公司股份再重整，朝向集團化營運模式邁進

國際品牌 BoConcept 的加入對於創空間品牌發展有著明顯的助力，然而業績成長緩慢也難以對股東交代，集資 3,500 萬在展店期間已經全數用盡，要讓股本從零再回到當初的資本額，其實花了 10 年的時間；這表示雖然每年 BoConcept 都有獲利，但股東們在 10 年內是拿不回本金，更別提賺大錢了，也因此為了讓投資 BoConcept 的股東能夠安心，決定對三家公司—權釋設計、edHOUSE 機能櫥櫃與創空間的股份進行重整，這次交由外部專業會計事務所計算各家公司的淨值後進行換股，讓利益能夠共享。創空間正式成為控股公司，並朝向集團化的營運模式邁進。

2010 年在創空間全體同仁的不分日夜頃全力地進行下，BoConcept 於簽約三個月後即在內湖盛大開幕。

■ 經營筆記 TIPS：

✓ 觀察失敗原因，找出突破口
✓ 任何計畫皆須設定停損點
✓ 大數據時代，孤芳自賞將是失敗的一方
✓ 企業管理需要與時俱進不斷調整

摸石過河拓展版圖，
營運四大策略布局

創空間在權釋設計創始之初所訂定的行銷業務、設計、工程鐵三角分工，不只讓組織能穩健、快速的發展，也讓 Elen 在 2006 年起的摸石過河階段能夠在原有的營運基礎上進行優化，並全心投入於創空間家具品牌代理的版圖擴展，藉由供應鏈垂直延伸、走向品牌管理、延伸服務據點、實現水平布局四大營運策略達到階段性的發展與成果。

策略一、供應鏈垂直延伸：
自創品牌家具，從硬裝延伸至軟裝服務

垂直整合為建立上游、下游或是藉由併購來垂直性的拓展商業領域的經營策略，也稱為一條龍、縱向整合、縱向一體化，其目標是創建一個閉環生態，來提高自身生產能力並且降低生產成本。在室內設計業界也是如此，如果一家設計公司能從材料端、設計端、工程端（包含工班）到家具、設備都能掌握時，對於整體業務的掌控能夠大幅度提升，也能藉此提高利潤，並且擴展市場能見度。

而創空間自權釋設計創立即是「以人為本」的企業核心，期許從洽談、設計、施工、完工、甚至到家具、軟裝都能全方面提供業主，使其擁有好的體驗，因此於 2006 年成立「創空間」自創家具品牌，並且聘任軟裝總監，將軟裝佈置為主的模式導入創空間之中，以此區分客層、品牌，同時搭配 edHOUSE 機能櫥櫃系統家具垂直建立供應鏈，解決供應需求，爾後調整經營策略，由自創品牌家具轉為代理進口家具，對日後企業上下游整合有相當關鍵性的助益。

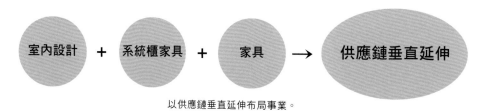

以供應鏈垂直延伸布局事業。

策略二、走向品牌管理服務：

建立服務體系， 強化品質，提升供應鏈及其效能

與其他行業在創業時就先底定品牌與經營策略不同，室內設計公司剛成立時重心多放在拓展案源，但達到一定規模要在市場上競爭，就要為自己找到有利的位置，打造差異化的品牌特色，因此創空間在進入摸石過河階段時開始進行品牌管理[註]，首先成立台北設計中心總部，整合權釋設計、edHOUSE 機能櫥櫃與創空間，將位於新北市的辦公室拓展到台北，而藉此取得優質人才與客戶，提升服務效率與品質，接著成立「匠工職人工程團隊」，將工程部獨立劃分出來，透過強化自有工班、專屬工程師來完整掌控進度與品質，協助室內設計工程品質與進展，讓效能更為提升。

註：品牌管理是指企業對其品牌進行戰略規劃、市場定位、形象塑造、傳播推廣以及監測維護等來實現企業品牌戰略目標的經營管理過程。

策略三、延伸服務據點：

室內設計跨出據點拉長陣線

室內設計公司的服務性質，需要長期前往案場，並且與客戶溝通交流，因此服務的區域有所侷限，即使台灣並不大，但是位於台北的室內設計總部還是難以服務中南部的

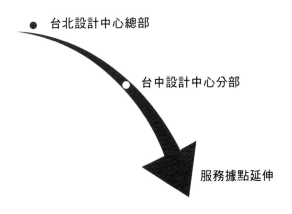

暨台北設計中心總部後成立台中設計中心分部，延伸室內設計的服務據點。

客戶，因此當案源與案量穩定且快速發展時，就需要延伸服務據點提供客戶更全面的服務，除了增強服務覆蓋範圍、提升品牌形象、拓展市場外，還能增加競爭優勢，創空間在權釋設計創立後的第五年，已深耕北部，並且確認中南部有一定案源，於是在2008年成立台中設計中心分部，跨出北部據點，開始拓展中南部市場，令設計服務更加貼近客戶，提高品牌滿意度與裝修市場的認知度。

策略四、實現水平布局：
家具零售開拓，事業體進入零售

為了增強產業鏈內部各環節之間的協作，並提高整體效率與競爭力，在主業穩定成長後，除了垂直整合滿足供應鏈外，利用水平布局增加產品線亦常是企業擴展版圖常見方式。

創空間因自創家具品牌失利而決定轉為代理品牌家具，2009年成功藉由總代理義大利NicolettiHome、丹麥BoConcept進口家具品牌，服務範疇從最初的室內設計擴展到家具，開拓事業體進入零售業，而BoConcept品牌全球統一定價的營運策略也從北歐帶至台灣，透過這樣的定價策略維護品牌形象，使產品更具有穩定性與一致性，並且和市場做出區隔。2010年更成立Creative CASA國際貿易中心，為日後引進更多國際家具品牌做準備。

拓展版圖，
重整管理系統並提升效能

創空間於摸石過河時期開創新版圖——代理義大利 NicolettiHome、丹麥 BoConcept 進口家具品牌，從室內設計跨足家具零售業，據點、人員迅速擴增，而面對新事業於組織管理上需要重新整建以因應企業發展，透過工作專精化、指揮鏈集權、分權、部門化分工等方針重新進行「產銷人發財資品」的管理建置。

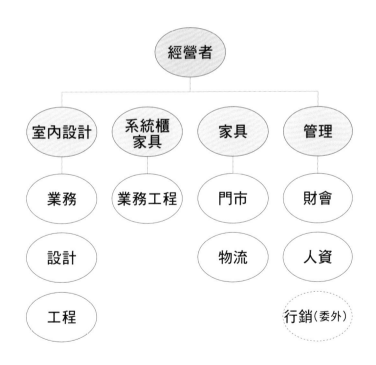

摸石過河時期組織圖。

→生產管理：管理組織化，室內設計標準作業流程再優化

經營設計公司能夠獲利最重要的關鍵在於時程、成本及品質的精準掌控，創空間每一個案件，從接洽客戶、丈量提案、設計、施工、落地到售後保固，時間長達數個月甚至一年以上，要讓設計能落地並且有一定品質，就須訂定標準作業流程才能有效掌控進度，確保品質，因此創空間在組織更為成熟後，於 2007 年建構管理組織化，室內設計標準作業流程再優化，將每個案件專案管理，每個作業流程設定合理天數、設計師工時、收付款時間等藉此提升效能。

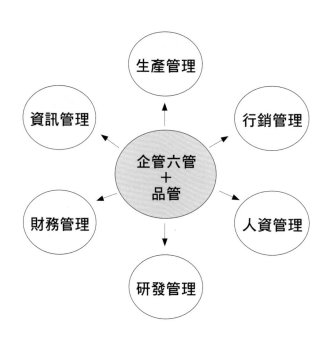

啟動標準化作業流程達到品質管理的目的。

→行銷管理：藉由部落格、出書效應塑造品牌形象

室內設計產業的獨特之處在於創意設計、美感品味和服務品質等，加上交易金額高、交易次數少、產品標準化程度低，為了讓消費者認識與了解，必須積極建立、維護顧客關係，並且透過不同行銷手法創造案源。一般行銷方式分為 4P，也就是產品（Product）、價格（Price）、宣傳（Promotion）、地點（Place），在此階段創空間的行銷策略著重於宣傳（Promotion）、地點（Place）。在 2008 年網路 Web2.0 時期，創空間即成立官網與集團部落格，由行銷操作曝光設計案件，詳細介紹設計過程、工地狀況、業主們

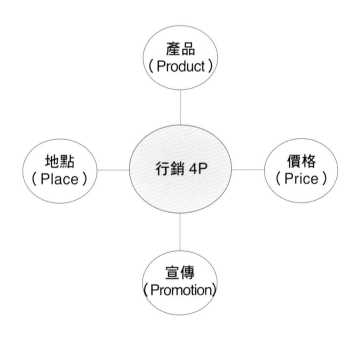

以行銷 4P 作為管理的方針。

所需要的設計知識等，每天都有破千點閱率，塑造品牌形象與顧客共創價值；並且於 2009 年出版創空間的第一本書《我家就是五星級飯店》，透過一個個深入淺出的裝修故事，成功打造創空間品牌形象，同時接到品牌第一個 500 萬台幣裝修案，實現宣傳（Promotion）的效益。此外，創空間透過延伸服務據點，從台北設計中心擴展至台中設計中心，提升服務效率與品質，家具門市除了在北部一級戰區開立門市，更成立創空間第一個倉儲物流中心，將產品服務傳遞並實際滿足消費者，於通路物流上提升效能，即是實現地點（Place）的效益。

→ 人資管理：選、用、育、晉、留五大流程架構完善人事管理作業流程
隨著代理家具品牌的加入，創空間從室內設計擴展到家具零售，人事管理的複雜程度增高，為了能妥善管理各個部門，並尋找適合的人才及留才，於 2010 年成立總管理處，

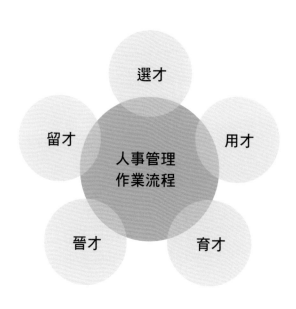

人才是設計公司的命脈要有完善的制度。

從人力資源的選、用、育、晉、留五大流程，亦即選才、用才、育才、晉才、留才，架構完善人事管理作業流程。透過制度規範選才、用才標準，並將教育系統化：一、內部師徒化、手把手傳承，二、出國參訪如米蘭、泰國、澳門等，見習當地設計，將新的設計思維帶回，三、中高階主管參與政府所舉辦的中小企業管理課程等，不僅提升設計能力、國際觀亦增強管理能力。此外，亦利用通暢透明的晉升管道，與發放紅利與股份、拔擢合夥人等留住專業人才。

→研發管理：流程創新提供不同客層所需服務

創新是企業競爭力最重要的來源，在現代競爭激烈的商業環境中，唯有不斷的創新才能保持領先的優勢，亦是傳統企業五管中研發管理的核心，室內設計公司要能永續發展，不僅是設計創新，包含流程都需要有創新的思維。平日除了透過學習、會議、研發、落實材質、形式、工法的設計創新，並且從行銷、提案、工程的流程創新，才是真正有企業管理的思維。

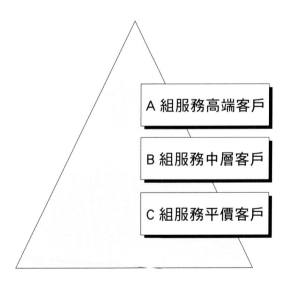

設計、工程皆分為 A、B、C 組，依照不同客群訂定
SOP，提供客戶所需要的服務。

創空間因為出書接到台幣 500 萬的裝修案，在服務、工程中理解到因應不同客層的需求需給予不同的服務：高端客戶期望細膩、縝密的服務流程，而大眾客戶則是希望能在短時間、預算內得到一個高 CP 值的住居，不應等同視之，因此創空間於此時期即將設計、工程皆分為 A、B、C 組，依照不同客群訂定 SOP，提供客戶所需要的服務，並利用相應的獎勵機制，激勵團隊創新與確保企業營運利潤。

→財務管理：學習企業財務管理方式，並與合作夥伴一同成長

一般室內設計公司甚少與銀行打交道，但在創空間代理 BoConcept 之時，透過眾籌資金及從跨國企業上習得融資經營[註]的觀念，並且了解到公司要擴大茁壯，這是十分常見且能證明自己財務健全的方式。與此同時創空間也更改了與合作廠商的生意模式，許多室內設計公司與工班廠商現金交易，並且常不開發票，稅務並不透明，但創空間為了讓財務、帳目清楚堅持開發票，並善用支票票期確保公司現金流，創空間亦輔導這些工班廠商成立公司一同成長。在這樣的變革中，有些長久合作的夥伴離開，但更多的是期待從工班轉型為工程公司的夥伴，留下與創空間共戰。

註：指企業透過融資方式來籌集資金，以支持企業的經營活動、擴大生產規模以及實現更高的收益率，可以通過債券發行、銀行貸款、租賃融資等方式來實現。

→資訊管理：導入 ERP 系統，提升管理效能

企業五管因應現代所需延伸出──第六管的資訊管理，透過建置組織的資訊系統，提供組織各階層所需的資訊，支援內部作業、輔助決策制定。而創空間於 2009 年 4 月即導入 ERP（註）將財會與進銷存管理系統化，同時朝向中大型企業邁進，財會管理的目的是為了將出納（錢）與會計（帳）分開管理。雖然權釋設計甫成立之時，即因過往經驗刻意規定財務獨立於合夥人周邊關係之外，加上從創始之初就利用 Excel 製作專案成本帳，做到專案管理，帳目十分清楚，仍然發生財務人員挪動公司大筆公款的情況，創空間意識到該規避的不是人，而是應該將制度規劃地更完善，才不易讓人有見財起意、鑽財務漏洞的機會，因此決定導入 ERP 系統管理，透過 E 化將所有帳目輸入系統內，並將出納（錢）與會計（帳）分開減少弊端。進銷存管理則是因應代理進口家具品牌而生，將訂單、進貨、銷貨、供應商與客戶等資訊輸入至 ERP，自動生成銷售與庫存相關報表，此方式與透過人工紀錄相較，前者能更有效減少人力時間成本，此外，透過 ERP 即時取得數據，也能更精準分析銷售與庫存狀況，以利管理者即時因應調整營運策略。

註：企業資源規劃系統簡稱 ERP，是整合了企業管理理念、業務流程、基礎數據、人力物力、電腦硬體和軟體於一體的企業資源管理系統。

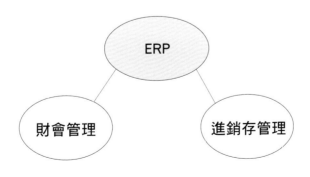

導入 ERP 系統，提升管理效能，減少弊端。

BoConcept®

讓熱愛生活的人，
透過美好設計，享受每一個好日子

BoConcept 成立於 1952 年，全系列商品從家具、家飾甚至地毯、畫作等商品、從客廳、餐廳、臥室、書房、戶外空間一應具全。可預約專屬的家配師進行整體軟裝家具配置的服務，完成居者的理想空間。

來自丹麥，以家具設計及居家生活商品零售概念為主的 BoConcept，「Bo」，在丹麥文為「生活」之意，BoConcept 則是「生活的概念」，期待讓熱愛生活的人，得以透過美好的設計，享受每一個日常時刻。BoConcept 成立於 1952 年，最早是由兩名丹麥木匠 Jens 和 Tage 所創立，因 對於木料工法與結構耐用格外重視，且所有產品均強調靈活性與客製化，並以設計為先決條件，進而發展出可彈性組合搭配的商品。

現已創立 70 年以上的 BoConcept 於全球 60 多個國家與地區擁有 300 多家獨立門市並在不斷增加中。其商品與丹麥及世界各地的知名設計師合作，因應人的需求而生，融入北歐獨特的簡約風格，從工藝中體現溫度。特別的是擁有全系列家具、家飾產品從沙發、餐桌、床具、軟件到畫作等，系列商品皆可互相搭配，擁有近 45,000 種組合方式增加室內設計配置變化，其訂製服務可以提供多達 120 款物料材質選擇，還可以自由選擇尺寸、顏色等，且全球門市都有

IDS 家配服務（interior design services）由經過訓練的家配師透過專屬的家配系統與繪圖軟體，依照客戶的空間挑選家具配色、氣氛燈光及功能設計等塑造個性化家居樣貌。

自從 2010 年創空間代理 BoConcept 進台灣後，其線條簡單、色彩豐富，簡約設計理念，表達完整的都會生活意念（Urban Danish Design），及「不過度裝修」的居家配置想法，更是引領台灣北歐風潮，打造自然迷人的空間氛圍。

50%
METROPOLITAN

COALITION

50%
SCANDINAVIAN

1

2

3

1. 都會（Metropolitan）、融合（Coalition）與斯堪地維亞（Scandinavian）是 BoConcept 提出的三種風格。
2. BoConcept 擁有居家全系列商品，能組合出 45,000 種變化。
3. 超過 120 種的布料與材質供選擇的 BoConcept 的家具、家飾訂製服務，提供顧客多種布料與材質挑選的專屬商品。
4. BoConcept 專屬的傢配系統與 3D 繪圖能具體呈現未來居家模樣。

品牌特色

特色 1. 每年兩次推出新品並分為三種風格

BoConcept 每年於春夏 SS collection（spring ／ summer）、秋冬 AW collection（fall ／ winter）推出新品，並依照顏色深淺分為都會（Metropolitan）、融合（Coalition）與斯堪地維亞（Scandinavian）三種風格任客戶挑選最適合居家的色彩與單品。

特色 2. 居家全系列商品自由搭配近 45,000 種組合

BoConcept 是全球連鎖家具少見擁有全系列產品的品牌，從沙發、單椅、收納系統、戶外家具、燈飾、地毯、畫作等單品，並且能自由搭配出近 45,000 種組合，讓家能擁有不同的樣貌。

特色 3. 120 種布料、材質挑選專屬商品

BoConcept 的家具、家飾提供超過 120 種的布料與材質供選擇，如苯染皮革、毛氈、天鵝絨、橡木、胡桃木、鉻和鋼等，依據個人品味與喜好，挑選專屬商品。

特色 4. 獨有 IDS 傢配師提供最適切的配置服務

品牌獨有的傢配師能依消費者的需求給予建議，量身訂作呈現個人風格的家具配置，並利用專屬的家配系統與 3D 繪圖具體呈現，即刻了解新居樣貌。

IMOLA 單椅

最具指標性的經典作品

時常在電影及影集內現身的 Imola 單椅，是空間畫龍點睛的焦點，亦是主人的精神與象徵，其由設計大師 Henrik Pedersen 所設計，並將他的的設計語彙：舒適自然的曲線、俐落的線條和樸實的材料所結合完整體現，是 BoConcept 最具指標性的經典作品。其靈感來自於組成網球的兩片旋轉半球之一，具有搶眼細節和清晰曲線，高椅背則賦予椅子寬敞的外觀，突顯出設計的獨特性與優雅線條，此外，Imola 單椅有線形支腿或旋轉星形底座可供選擇，旋轉底座可以流暢地轉動椅子，而線形支腿則能讓設計達到完美比例。優雅的輪廓及柔美的曲線，是居家難以忽略的視覺焦點，很適合搭配 SALAMANCA 沙發或是放在空間的角落，創造出家中獨特的一隅。

SALAMANCA 沙發

賦予開放式客廳最舒適的慵懶

台中 BoConcept 門市實景擺設 Salamanca 沙發，家配師利用巧妙搭配軟件與綠色植栽營造舒適、療癒的客廳氛圍，而 Salamanca 沙發有著 1970 年代波西米亞風的低矮漂浮式感受，它亦是由 Henrik Pedersen 設計，擁有超大比例和超軟泡棉座椅，讓人能慵懶地或坐或躺於上，相當舒適；並且配有可移動的靠墊，具有靈活彈性，十分適合開放式客廳，搭配現代咖啡桌和極簡風收納系列，擺上一張 Imola 單椅，可說是最完美的客廳空間。

Henrik Pedersen 是 BoConcept 經典 Imola 單椅與 Adelaide 椅子的幕後推手，同時他也設計了 Salamanca 沙發與多款燈飾與餐桌。其設計被認為是溫馨的極簡主義，並且以使用者為中心，思考如何優化感受、趨勢、工藝和功能。

BERGAMO 沙發

有機形狀無限組合

來自台北大安的老屋，透過設計師與家配師的規劃利用淺色 Bergamo 沙發型塑 BoConcept 的斯堪地維亞風格。Bergamo 沙發由 Morten Georgsen 設計，其是設計多功能家具的專家，同時也很擅長將不同材料和色彩，和諧的混搭在一起，替空間營造充滿活力的氛圍，因此 Bergamo 沙發能選用超過 120 種不同的布料和材質，提供各種尺寸和形狀，配合居家空間，展現不同可能。而 Bergamo 沙發有機形狀的外型，不論是靠墊的微曲線還是轉角沙發的曲線，皆帶來視覺上的柔和感，且獨立式背墊則提供座位的靈活和舒適度，讓人好想窩在上面一整天。

SANTIAGO 桌子

簡約俐落，兼具美觀與功能

Santiago 系列具有餐桌、咖啡桌與邊桌，其簡約的造型、俐落的線條與柔和的曲線結合美感和功能性，亦是由與 BoConcept 長期合作的設計師 Morten Georgsen 所設計，桌面有多種天然材料可供選擇，例如陶瓷板、橡木等，並採用斜面柱形底座展示量體感，如果希望呈現大理石材紋理，就建議使用陶瓷板，既能體現石材的大器質感，使用上也不易有刮痕，易於保養。佈置時建議擺放於空間中心位置，能增添優雅氛圍並提升場域亮點。

KINGSTON 餐桌

極簡與功能的最佳體現

為了展現舒適的空間設計，家配師以純粹乾淨的色系、極簡的軟裝線條，並選擇斯堪地維亞風的淺色 Kingston 餐桌，營造空間雅致之美。Kingston 餐桌有著流暢曲線的桌面外型，散發出柔和氣息，其採用輕量優雅邊框，並搭配略帶錐形的傾斜金屬桌腳輕盈和諧，桌面採用隱藏式延伸桌板，可延長 70 公分，增加 4 個座位，既可作為一般桌面使用，當親朋好友訪時也可延展以方便招待更多的客人，將美感與功能融為一體。這款採用現代設計的餐桌也是由 Morten Georgsen 所設計，無論居家想要呈現斯堪地維亞風（上圖）或是都會風（下圖），都有相應的配色可選擇，為用餐時間增添視覺饗宴。

MODENA 沙發

摩登極簡、圓弧有機展現客廳迷人風采

國家兩廳院表演藝術圖書館以「打開」作為設計主軸，期盼「打開」更共融與多元的使用，因此選用 BoConcept 的 Modena 沙發，藉由時尚造型與跳色地毯創造閱讀的輕快活潑氛圍。Modena 沙發亦是 Morten Georgsen 的作品，其有著摩登極簡的線條、圓弧有機形態，還有霧光金屬椅腳，在客廳、起居室裡都能展現迷人優雅的風格，讓空間呈現既現代又休閒的氣氛，而因為椅墊和靠背採用精緻縫線和優雅收邊，不僅看起來有個性也能防止布料起皺，此外，如果想要讓空間更為亮眼活潑，可以選擇跳色單椅達到畫龍點睛之效。

COMO 收納系列

為壁面打造一張幾何圖形的空白畫布

Como 智慧收納系統同樣是由 Morten Georgsen 設計，這款現代收納系統，採取簡約的幾何設計是 BoConcept 歷久不衰的經典，其兼具優雅簡單和實用功能性。可以組合成壁櫃、置物架和書架等各種居家櫃體，具有不同的形狀、尺寸、顏色和材質可以依照空間與風格挑選，有如為壁面打造一張幾何圖形的空白畫布，最後放上主人的書籍、收藏、展示品等展現出獨一無二的風情，而關於機能方面，無論想要極簡的懸浮書架還是個性化的展示櫃，都能透過 Como 收納系統找到專屬自我的收納方案。

Morten Georgsen 設計了 Bergamo 沙發、Santiago 桌子、Kingston 餐桌、Modena 沙發，亦是 BoConcept 所有收納家具系列的背後推手，他認為優雅又歷久彌新的設計秘訣就在於保持極簡。好的設計原則就是去蕪存菁、精煉簡潔。「細節如果都沒有用處，那麼就是多餘的，這樣就不能算是好設計。」

ALICANTE 餐桌

優雅與搶眼並濟

上圖都會風代表 Alicante 餐桌是一款優雅餐桌，其由 ARDE 的首席設計師 René Hougaard 所設計，V 型底座具有懸空設計，光滑弧線和跳脫傳統的懸空設計，令 Alicante 餐桌在任何室內空間中都能展現搶眼的立體美，體現簡約和諧，且就座時能享有最大的活動自由性。而隱藏式的蝴蝶桌板能輕鬆延伸，最多可增加 4 位賓客的座位，當親朋好友來訪時也能好好招待，不僅能為空間增添個性風範，功能亦是十分卓越。Alicante 餐桌建議搭配 Vienna 餐椅，其柔和形狀與 Alicante 餐桌弧線相互對應，在任何空間裡都能營造溫馨氛圍。

ARDE 是「建築師」和「設計師」這兩個單詞前兩個字母的組合，意味著將這些領域的精髓結合到一起創造產品。出自 ARDE 之手的家具都是結合美觀與功能，是建築和設計的縮影，ARDE 同時擅於挑戰家具設計的規範，創造出最令人驚艷的視覺效果。

創空間 CREATIVE CASA

完美體現義式居家，
享受負擔得起的奢華

以「義式家居」與「負擔得起的奢華」為品牌核心，創空間 Creative CASA 將義大利的文化與品味帶到消費者的生活之中。

創空間 Creative CASA（後簡稱 CASA）成立於 2009 年，並於當年義大利米蘭家具展時引進第一支義大利南部沙發品牌 NicolettiHome，因為其產品符合人體工學的設計，純牛皮的細膩舒適，深受消費者喜愛，因此奠定了 CASA 的根基。由於以往國人對於進口家具的印象就是昂貴、高不可攀、動輒上百萬，而以「負擔得起的奢華」作為 CASA 創始以來的核心宗旨，自然引發消費者共鳴。CASA 每年走訪國際家具大展包含義大利米蘭家具展、德國科隆國際家具展等，都是以此為目標，為消費者找尋具設計感、舒適性與實用機能且價格合宜的家具。

CASA 除了希望以多元化的選擇、一次性的服務，讓客戶能享受多層次、輕鬆簡潔、無負擔的品味家具外，對於義大利的街頭及其人民浪漫的生活態度與對美學的堅持，也是 Creative CASA 一直所尋找的品味與質感，因此 Creative CASA 以義大利所設計的品牌家具為主要核心產品，將義大利文化與美感融入品牌風格，詮釋藝術與生活的品味。

至今 CASA 已經代理了八個家具、家飾品牌：NicolettiHome、
Chateau d'Ax、ALPA Salotti、Colombini CASA、Connubia、Tonin
CASA、Linie Design 與 2023 年代理的世界知名品牌 Kartell，品項
含括沙發、餐桌椅、咖啡桌、地毯等，未來仍將持續引進國際品
牌，期盼提供給消費者最具設計感、舒適度與實用機能性的品牌與
家具，引領客戶感受真正的品味生活。

1. 創空間 Creative CASA 精挑細選作工細膩、富有設計感的家具品牌，並以「負擔得起的奢華」品牌為宗旨。
2. 創空間 Creative CASA 陸續引進義大利家具品牌，帶領消費者打造義式風情居家。
3. 創空間 Creative CASA 除了設計美感外，同樣重視機能與舒適性。

3

品牌特色

特色 1. 負擔得起的奢華

以「負擔得起的奢華」為宗旨的創空間 Creative CASA 希望帶領消費者能在可負擔的範圍內認識義大利家具品牌的設計、品味與實用性，走訪世界各地挑選作工細膩、富有設計感的家具品牌。

特色 2. 眾多義大利家具品牌打造義式居家

義式家具富有品味與質感，並深受消費者喜愛，創空間 Creative CASA 將義大利文化與美感融入品牌風格，陸續引進義大利家具品牌，打造義式居家。

特色 3. 提供一站式購物與居家專業佈置提案

創空間 Creative CASA 居家家具品項眾多，含括沙發、餐桌椅、咖啡桌、邊桌、地毯等，能夠於展間內一站式購足並享有居家顧問的專業佈置提案。

特色 4. 符合需求的舒適度與功能性

創空間 Creative CASA 在挑選品牌時，除了設計感外更重視使用的舒適度與功能性，如電動、可調整的頭枕等，符合消費者真正的使用需求。

⋈ NICOLETTIHOME

舒適沙發宛如量身訂做

NicolettiHome 是 Creative CASA 代理的第一支品牌，是由 Giuseppe Nicoletti 於 1967 年所創辦，至今已擁有近 60 年的歷史。從家具製作到逐步專精於沙發工藝的研究，其傳承工匠的精髓與對線條和功能的研究，為每種需求和環境提供量身訂制的解決方案。因為對家具設計的熱情、對細節的深入關注、以及不斷尋求設計與舒適之間的平衡，NicolettiHome 的沙發符合人體工學比例，講求功能性與舒適性，深受人們的愛戴。

1. Monnalisa 沙發以新法式為概念，能完美融入現代與新古典的居家空間，背靠可向後推移，搖身一變小型躺椅，機能性十足。
2. Bellini 沙發以工業風格融合現代感，座椅上的菱格紋隱藏著工匠細膩的精湛手藝，同時確保乘坐舒適度，帶來前所未有的放鬆感。

而且 NicolettiHome 是眾多國際級義大利家具品牌中唯一，也是領先業界取得三種企業管理與品質要求的認證：國際 EN ISO9001 認證、義大利環境管理系統 UNI EN ISO 14001 標準認證、SA8000 倫理認證，令消費者使用時更為安心。

Edo 外觀設計上採用義大利經典設計風格，並將現代感融入經典中，且具有不同的皮革顏色可以選擇，創造不同居家氛圍。

Chateau d'Ax®

國際知名設計沙發體現精緻美學

Chateau d'Ax 夏圖成立於 1948 年，從米蘭一間製作家具的小型工廠開始，在經過 70 年的精進焠鍊後，至今已是遍布全球 87 個國家、擁有近 360 間品牌分店的全球知名品牌。Chateau d'Ax 夏圖為提供反映品質與精緻美學的家具產品，是創空間 Creative CASA 中極具有設計感的沙發品牌，並且除了核心的沙發外，亦能搭配同品牌的咖啡桌、燈具、地毯等，讓起居室更為完整。同時近年來夏圖拓展版圖，在義大利、法國、肯亞、瑞士、比利時等地與不同知名飯店及建案合作，奠定品牌在全球家具產業的地位。

ΛLPΛ

細膩舒適、堅固耐用

ALPA Salotti 由 Ferri Rocco 於 1956 年創立，擁有 60 年的歷史與經驗，堅持以義大利製造傳承工匠手藝，每件家具產品都是手工製作，採用最高級的皮革與面料，精湛的手工縫製與剪裁技術，及嚴格的品質管理，打造觸感舒適細膩並符合人體工學的精緻沙發。而 ALPA Salotti 還講求耐用性與五金功能，因此甚至連主體都是用鐵件製作，非常沈重同時相當堅固。

品牌亦在 2019 年取得 ISO 9001 的認證，多年來持續致力於品質的提升，並透過生產過程、原物料的挑選與使用，達成永續發展的目標。

DannyBoy 以獨特的手工皮革滾邊，及 L 型的金屬腳設計，讓沙發有著漂浮的視覺效果。

Colombini CASA 是義大利生活機能品牌家具之一。

Colombini Casa

生活機能家具滿足日常所需

Colombini CASA 創立於 1965 年，是義大利生活機能品牌家具，總部與生產基地位於義大利中部獨立小國 San Marino 境內，總面積超過 25 萬平方米，擁有獨立設計開發部門與七項以上獨立產品生產線，總部基地直接整合全球集散貨物流系統，完整的一條龍生產鏈成為義大利最大系統家具品牌之一，秉持「Italian Design, Design For You」精神與「創新、服務、質感」三大原則與創空間的 Creative CASA 理念不謀而合，並以其系列完整創空間的一站式服務。

好的餐桌讓一家人團聚

Connubia 是起源於 1923 年的義大利老牌家具 Calligaris 近年孕育出的核心子公司。Connubia 拉丁文字根是「婚姻、羈絆」之意，如同品牌的 LOGO 標誌──三個新月形半圓圍繞出一個圓形，代表著三張椅子圍繞著一張圓桌，描繪出人群聚集與家的概念，也因此 Connubia 致力於生產象徵團聚的餐廳裡餐桌、餐椅、櫥櫃等單品，並傳承古老技法，結合現代科技，在原創與獨特的凝聚力中完美融合。

Ellisse 延伸餐桌連動腳座的開合，讓餐區空間展現不一樣的面貌，陶瓷板桌面防刮耐高溫，而單邊收合的延伸設計，能夠同時容納多人聚會。

來自 Tonin CASA 的 Calliope 餐桌，是一張具有高顏值的餐桌，陶板桌面賦予石材的紋路，大器與機能並進，X 型鏤空桌角設計則在視覺上產生穿透感。

Tonin
CASA

異材質豐富居家設計

創立於 1975 年的義大利家具品牌 Tonin CASA，是由鞋櫃與古典家具起家，至今已遍布全球 60 多個國家。其以兼具設計質感與實用功能著稱，每件作品大膽嘗試鐵件、木頭、玻璃、天然石材等不同元素與異材質，讓人感受設計師豐沛的創作實力，而在設計之外，Tonin CASA 也十分重視使用者的體驗感受，追求於美感與舒適之間取得完美平衡。

LINIE DESIGN
HANDMADE RUGS

北歐設計 X 印度工匠的手工藝術地毯

來自丹麥的 LINIE DESIGN 成立於 1980 年，是北歐最大的手工地毯開發和批發商。從創立之今，所有地毯都是由知名斯堪地維亞設計師所設計，結合北歐俐落的線條與簡潔的設計，創造質樸、優雅的生活美學。而每一張地毯皆由印度大師級工匠手工精心製作，傳承地毯藝術品的純手工製作理念，地毯有著各式各樣的色彩與圖案，能滿足各個室內設計與場域，並嚴選用料，打造超越永恆的經典藝術，亦是許多國際家具知名品牌的地毯供應商。

Arco 地毯由 LINIE DESIGN 工匠純手工製作，羊毛與人造棉手工混織而成，以不同的材質、色調及紋理，營造出精緻的大理石紋路。

匠職人

專業工程管理令品質與效能並進

「職人精神」源自日本文化的深厚底蘊，它強調追求完美、對細節的極致追求，以及對工作的專注與熱情，「匠工職人工程團隊」秉持如此精神追求完美的工程細節與效率，並逐步往獨立事業體邁進。

2011 年「匠工職人工程團隊」的名稱首次出現於創空間，協助集團的室內設計工程品質與效能。而其實在 2003 年創空間第一間室內設計公司權釋設計成立起就將組織分權為：行銷業務、設計、工程的鐵三角形式，由工程師（工程管理人員）進行工程發包、施工上也能更為精準、有效率，也因為專業分工使得工程的品質與成本掌控得以成熟，成為能自給自足的單位，並起名為—匠工職人工程團隊，意指專注於自己擅長的工種領域，持續精進自己的技藝，令技術能更爐火純青。

因為專業分工的訓練，匠工職人工程團隊對於工程的掌握快速、且精準，團隊工程師，每位同時可進行 6 ～ 8 個案子，每年完成 15 ～ 20 個工程，這樣驚人的成績有賴創空間完整的 SOP 與 ISO 流程管理，與不斷研究如何以最有效的方式完成工程：從十年前開始匠工職人工程團隊即進行 E 化管理—使用雲端進行工程管理，具有線上工程相簿與工期進度表，讓整體資訊透明化，確保流程順暢確實，施工期間嚴格監督工程的每個環節，並進行兩次內部驗收確保施工品質，而工地的缺工問題亦在謹慎挑選廠商並簽署專屬合約保證優先派工下確保工程穩定與效率，也因此除了集團內的案子外，近年來匠工職人工程團隊也開始承接其他設計公司的案件，或是業主的自行發包裝修案，逐步從供應鏈轉成獨立事業體。

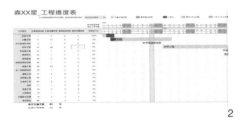

1

2

3

4

5

6

7

8

1-2. 工程能夠順利在於資訊透明化，匠工職
　　　人團隊透過定期上傳施工照片與工期表
　　　是每年能順利進行上百工程的關鍵。

3-4. 客戶驗收之前，工程師利用驗收表格與
　　　測試儀器會先進行內部驗收確認工程品
　　　質無誤。

5-8. 工程師具有與設計師及工班的良好溝通
　　　能力，在施工中能作為良好的橋梁。

品牌特色
特色 1. 管理 E 化使資訊透明化達到有效的溝通
從十年前開始匠工職人團隊即使用雲端進行工程管理，具有線上工程相簿與工期進度表，讓整體資訊透明化，與客戶共創工程群組，並且每週回報進度、照片及之後預計工程，透過密切聯繫達到有效的客戶溝通。

特色 2. 與客戶驗收前的內部驗收
工程進行內部與客戶兩次驗收—於客戶驗收之前安排內部驗收，確認無誤後才與客戶驗收，確保施工品質。

特色 3. 工程師具備豐富的設計工法及工程專業知識
工程師作為設計師與工班的橋梁，具備豐富的設計工法及工程專業知識，同時具有手繪能力，於施工時提供師傅最大的協助。

特色 4. 挑選廠商、簽署專屬合約確保工程穩定與效率
為了確保工程進度的穩定與效率，謹慎挑選廠商並簽署專屬合約保證優先派工，因此即使於疫情期間仍然穩定施工，減少缺工所造成的損失。

Chapter 3.
組織分權 2012 ～ 2017

創空間集團

設計事業群

室內設計

權釋設計®
ALLNESS DESIGN

CⅢNCEPT
北歐建築

日和設計
HIYORI DESIGN

匠職人

建築設計

JA 建築旅人
JOURNEY
ARCHITECTURE

家具事業群

系統櫃家具

HOUSE
機能櫥櫃

家具

創空間 CREATIVE CASA

BoConcept®

大破大立，
向外擴展版圖，向內重整制度

到了第三階段，創空間也走過了十數年，所有基礎都已打樁固定，而我對於未知領域又有著好奇與憧憬，想要從各方面進行嘗試。在這個時期，我就像駛著船的船長，積極地呼朋引伴，向外擴展版圖，並對內重整制度，一心將創空間駛向永續、傳承的未來。

家具、設計到建築，創造由內而外的理想住居

自從加盟了 BoConcept 後，我們每年都要去北歐丹麥的哥本哈根受訓，在北歐，人們酷愛簡樸自然的生活，且十分追求生活品質，崇尚精緻生活，他們用著作工精良的腳踏車、手提包，過著有儀式感的 hygge [註] 生活，但路上的行人卻鮮少穿搭名牌，也沒有精品店，他們這種由內而外具有美感，且身心靈富足的精神也隨著 BoConcept 來到台灣，在台灣的門市裡，我們將北歐這種「知道什麼才是生活中最重要的事情」、「不過度裝修」的態度藉由產品傳遞給顧客，而漸漸地消費者除了買家具外，也希望在室內設計甚至在建築中呈現這樣的氛圍，因此很多需要室內設計服務或是想要自地自建的客人經由 BoConcept 而來——因為他們希望從居家、建築到環境都能創造出北歐的生活態度，而這也成為 CONCEPT 北歐建築成立的契機之一。

註：丹麥語，溫暖舒適的，幸福安心的，hygge 是丹麥式生活的象徵——燭光、咖啡、紅酒、糕點，到羊毛毯、毛襪或親密親友。丹麥人能自然而然地融合這些元素，實踐簡單、美好的生活。

志同道合的夥伴打造一個建築夢

前面所談的是 CONCEPT 北歐建築裡的「北歐」，另一方面，在公司元老裡有一位學建築設計出身的設計總監，我們常常談著我倆的建築夢——創空間一直以來強調「以人為本」、「由內而外」，人產生行為、行為產生空間設計，在設計之後由內而外的下

一步就是「建築」，這讓我對建築產生濃厚興趣，也起心動念計畫將建築納入創空間的版圖之中。因此藉由這位總監的牽線和他許多在建築業界的同學、朋友們認識。其中有一位建築師，在幾次深聊之後，我發現這位在建築師事務所工作的朋友並不快樂，原來他覺得這一輩子都是在服務建商，當時已經累積了超過 12 年的資歷，多數建商在聽取簡報時對於設計的專注往往不到十分鐘，只在乎能賣多少容積率與建築獎勵，「我這些年來鍛鍊最厲害的功夫，就是用最短時間讓建商知道能賺多少錢。」他說道。「那如何才能讓你快樂呢？」我問，「應該要做對這片土地有意義的事，蓋出對人、環境良善的建築才是啊！」我被他的專業與對建築的熱愛所感動，當時就對他說：「我想和你開一間公司，做我們想做，對人類、對土地、對環境有意義的事」，因此我力邀他加入創空間團隊。

CONCEPT 北歐建築以室內設計導向，順勢成立 JA 建築旅人

2014 年創立 CONCEPT 北歐建築時，由我、元老的設計總監及這位建築師主導，我們除了室內設計案外也開始接自地自建的案子，當時也很意外，建築師做過那麼多大量體的集合式住宅卻似乎沒有在我們這裡做小房子開心，「因為這些是有設計價值、且對土地、環境有幫助的案子。」他這麼回答我，而經過相處磨合後，發現彼此是能前往同一個戰場的戰友，但當時 CONCEPT 北歐建築案件逐漸偏向住宅，為了讓建築、建設有更精準的定位，於 2015 年成立「JA 建築旅人」，此名的由來是期望我們的建築就像到各處旅行一般，在每個地方都有建築旅人展示的場面，從建築設計、自地自建開始，延伸營造工程管理等等相關領域，2021 年開始進入了建設的範疇。

自從代理 BoConcept 後，每年都需要到丹麥受訓。

合併設計公司擴展設計版圖創建孵化器

雖然創空間一直茁壯成長，成立了許多設計品牌也代理了國際家具品牌，但其實從來沒有想過要合併其他公司，但我們在 2017 年整併日和設計，這完全是料想之外的事，卻也在將日和設計納入創空間體系後，我們開始培養衛星公司（在創空間之外長期合作的設計公司或廠商），並進一步期許成為設計產業的孵化器。

小型設計公司的經營困境

與日和設計總監的認識也是因為創空間的元老設計總監，他們是建築系的同學，畢業後就成立了日和設計，我的個性本就五湖四海愛交朋友，在工作之餘喜歡和各行各業領域的人們一起交流學習，而這群建築人常讓我有新的體悟與想法，也開始期盼和他們一同做對台灣這片土地、環境有意義的事情，而日和設計的總監就是其中之一，當時我們與建築師志同道合一起合夥創立了「JA 建築旅人」，隨著越來越頻繁的交流，他也跟我討論起他經營的設計公司所面臨的困境。

2017 年 CONCEPT 北歐建築獲得德國 iF 設計獎，特地前往當地領獎。

2015 年四個志同道合的夥伴成立「JA 建築旅人」，從建築設計、自地自建開始，延伸營造工程管理等等相關領域，2021 年開始進入了建設的範疇。

> 關於吸引力法則：當你真心渴望某件事物，整個宇宙都會聯合起來幫助你完成。
>
> —— 洪韡華 Elen

台灣的室內設計公司大多為小型公司，這是因為產業性質：一人就能執業接案，設計師常有藝術家個性難以臣服於公司體制，且台灣設計公司常見設計工程一條龍都由設計師負責的特性，客戶常掌握於負責設計師手上，導致一兩年就能掌控整個設計流程而出走創業，因此設計師的流動率極高，公司亦難以擴大，加上許多設計公司老闆對於經營管理並不擅長，也沒有試著學習理解，公司財務管理渾沌，外表光鮮亮麗但卻沒有賺到錢，而日和設計經營了 10 年，就是碰到了這樣的困境。當時他捧著公司的財報給我看，「Elen，我努力了十年，我想要讓日和變得更好，不知道你有沒有辦法協助我？」我跟他說：「我可以投資你，讓日和進入創空間，但是我對合併的想法就像結婚，不會輕易談離婚，你有決心嗎？」他篤定地說了 YES，於是我就將日和設計「娶」進創空間內。

合併設計公司後的磨合，成為公司組織統整的養分

為了讓日和設計能夠順利進入創空間體系，在財務上我們採取了投資併購的方式，日和設計就此成為創空間的設計品牌之一。然而合併之後才是困難之處，就像前面所說，室內設計公司一人也能成，設計師又多是藝術家性格難以駕馭，更何況是要進入企業組織體制內，當時創空間已有相當縝密的管理制度與設計服務標準作業流程，對於向來我行我素慣了的設計師們卻是百般難受，也流失了一些人才，這樣前後花了將近五年的時間才真正的穩定，卻也因此開啟創空間未來孵化設計產業的起點——藉由投資經營產業鏈上下游，透過合併補足企業所缺，擴大創空間事業版圖。

2016 年創空間 Creative CASA 台中店開幕。　　　　2017 年日和設計加入創空間大家庭。

擴展創空間版圖前進海外

這幾年如火如荼的發展新事業、新版圖，從權釋設計到 edHOUSE 機能櫥櫃；代理丹麥 BoConcept，創建創空間 Creative CASA 引進義大利進口家具；因為期盼將北歐的生活態度更完整的傳遞給台灣消費者，而成立 CONCEPT 北歐建築；想要協助同業成長茁壯而合併日和設計；而與一班志同道合的建築人創建的 JA 建築旅人，則是希冀能利用建築反饋土地與環境，創空間透過產業鏈上的垂直發展與水平布局，橫跨不同領域，也開始籌畫海外市場，而第一步就是進軍大陸。

進入大陸由圈層開始發展

大陸的經濟量體龐大，看似到處都是機會與市場，但單槍匹馬前往就如拿石頭扔向大海，一開始還是需要有人帶路，或是已有確定案源能發展，而我們是後者，當時有跨國企業找上創空間，希望進軍大陸的通路展店，藉由這個契機開始西進發展，2016 年成立廈門設計中心分部，跨足大陸市場，一開始先經營圈層由商業空間著手，台灣只做概念設計，深化、3D、工程都由當地接手，爾後從零售業、餐飲業到建築開發案、旅宿都有案源，才成立上海設計中心分部，由總公司派任團隊進駐上海。

2016 年成立廈門設計中心分部，2017 年上海設計中心分部成立。

> 合作就像婚姻，下定決心就不輕易離婚！
>
> —— 洪韡華 Elen

縝密準備收纜案源，疫情後重新調整接案形式

我們前進大陸看起來毫無阻礙，一進軍就有接不完的案源，但其實創空間思考海外布局已久，在前往大陸之前，我和公司的主管們已經將創業以來手邊的人脈全部跑過一遍，並且在前去拜訪時提供全集團的簡介，讓對方了解我們的發展與藍圖，而在萬全的準備之下，案子當然是手到擒來。然而人算不如天算，就在發展正順遂時 COVID-19

襲來，當時我們趕在大陸封城之前收完最後一筆款項回到台灣，這場疫情歷時三、四年，海外發展雖然中斷卻也開始復甦中，透過這場疫情所帶來的全球遠端工作的效應，於台灣也能進行海外設計發展，就如同國際型的設計公司能接單全球，這或許亦是創空間的未來前進目標。

2016 年進軍大陸，並受邀設計師講座。

代理 BoConcept 披巾斬棘前往企業之路

之前提到，代理 BoConcept 前期籌措了 3,500 萬台幣，爾後為了提供整個產品供應鏈，在管理與設備上也投注不少前期成本，雖然每年的業績都有成長，但真正獲利回本卻是花了十年的時間，而且考驗不僅如此，BoConcept 是個全球跨國品牌，已經累積了成功經驗，而我們要如何接住這些經驗，並且在台灣實踐可說是我們在代理之前所不知道的挑戰。

獨到的管理方式與設備系統事半功倍

BoConcept 身為成功的國際連鎖品牌，和其他我們所熟知的跨國企業如麥當勞、星巴克一樣，有著其獨到的管理方式與系統設備，例如：BoConcept 是利用人流器來管理營

收，這是我在其他家具公司聞所未聞，從展店開始總公司就規定每家門市都要裝設人流器，總部可以很清楚地知道每間店進來的人數，接著用替代率換算規定營收，是十分先進且科技化的管理；而更令人歎為觀止的是他們有個 E-learning 系統，只要新進員工利用這個系統進行教育訓練，只需要認真學習三天，最後線上評分 80 分以上，關於 BoConcept 的品牌精神、產品系列、做工、材料大概就考不倒了，能成為門市獨當一面的 Stylist（風格師）了。這對於認知設計師養成少說三、五年的我來說是十分震撼，卻也了解到有系統的訓練，比起土法煉鋼更加神速事半功倍。

體認企業管理不足，EMBA 的再深造

而在代理了 BoConcept，我十分煩惱門市要如何聘請所需的人才：思考到需要與總公司交流，且要能使用總公司的系統，因此所聘用的人不只英文能力要強、更得具有銷售能力及設計美感，這三點是關鍵，然而這三者兼具的人才在設計圈是非常稀缺的。為

我與太太 Vicky 雙雙進入 EMBA 攻讀企管碩士，分別研究家具產業與企業分潤機制，試圖追趕上國際企業管理的腳步。

"多吸收新知、學習專業，比起土法煉鋼成功來得快上數倍！"

—— 洪韓華 Elen

此甚至還去挖角精品業或是時尚品牌的 Top sales，在我們忙裡忙外了一番，這時總公司說話了：「不需要這樣大費周章，我的產品會說話！透過我們的系統將 BoConcept 生活的觀念傳遞給消費者，家具自然而然就能賣出。」這才意識到 BoConcept 所創建的系統能快速培養人才，需要做的反而是將管理落實，而因為公司需要每年定期派人到丹麥受訓，而總公司更是每個月稽核三大報表、營收與管理六要：產銷人發財資（1 生產、2 行銷、3 人資、4 研發、5 財務、6 資訊），念設計出身的我，對於企業管理可說是一竅不通，為了更深入了解品牌管理與整個設計產業，我與太太 Vicky 進入 EMBA 攻讀企管碩士，分別研究家具產業與企業分潤機制，試圖追趕上國際企業管理的腳步。

鋪畫藍圖願景，築夢踏實

上了 EMBA 學習到管理知識後，回想 BoConcept 的佈局模式，同樣是突破設計公司的思維。總公司 CEO 曾問過我：「你是先準備組織再去創造營收，還是先創造營收再補人？」以設計公司的模式當時是依照案量再來決定要是否擴張，但 BoConcept 的展店甚至經營企業卻是相反，是先投注資金、設備、人力，把組織架構好，才去創造期望的營收，這個觀念對我影響甚巨──想要打造成功的企業，先畫藍圖願景再築夢踏實，亦成為創空間邁向企業之路的重要關鍵。

EMBA 鑽研企業管理，聘請專業經理人協助營運

短短的五、六年之間，創空間從台灣本土室內設計公司到進軍海外，並且水平發展加入家具零售業，代理國際知名的家具品牌，公司體系擴張迅速，我深知自己管理上的不足而進入 EMBA，學習後，更了解光靠我一己之力可能已經「Hold 不住」了，需要專業經理人來幫忙輔佐管理。

尋求專業經理人管理日漸龐大的企業

當一個人總是以慣用的方式做事，思考模式就會不知不覺的被侷限了。面對問題時，

每個人都是依照不同的專業和生活經驗，找到解決問題的方法。若能培養人脈的多樣性，從同儕的經驗分享或創新思維，更能從不同角度去看問題，而 EMBA 就是這樣的地方，在就學期間與經過 BoConcept 的洗禮，我改變了經營思維，發現公司不應該是由老闆說了算，這樣往往會讓企業發展有所限制，於是我積極尋找領導創空間的專業經理人人選。最後讓我眼睛為之一亮的專業經理人居然近在眼前，是我的 EMBA 同學，曾是台灣知名電子產業的亞洲區通路經理人，得知他離職想轉戰其他領域的消息後，我十分積極三顧茅廬，希望他能進來創空間管理我一直都很棘手的家具通路。

新官上任三把火，雖有戰績卻迎來老臣反彈

這位專業經理人就是後來創空間的 CEO，一開始我請他先幫我整頓家具通路的部分，沒想到他一下手就是大刀闊斧做了三件事：一、砍掉 BoConcept 的 GM，二、關了幾間家具門市，三、整頓財務報表，當時我可是受了不少驚嚇。「這位 GM 曾在紐約的BoConcept 任職，是創空間重金禮聘回來，無論是專業銷售與外語能力都是一等一，我連碰都不敢碰；而開一間店至少花 2,000 萬台幣，這個人竟然說關就關，到底行不行啊！」那陣子內心一直湧出這些話，「但是我要沉住氣！看看他到底有什麼方法！」

念完 EMBA 後，許多中小企業邀請我前去演講經營管理。

果真，沒過多久，大概數個月的時間，三招即見效，BoConcept 轉虧為盈，通路漸漸上軌道，這也讓我打了一劑強心針，遊說他成為創空間的 CEO，除了家具通路外，也管理設計部門。

然而也因 CEO 的雷厲風行，快、狠、準的設定新制標準，許多從權釋設計就跟著我的元老級設計師們有了諸多反彈，但我也知道他做得對，例如有些中高階主管會不希望聘請有經驗的設計師，因為主觀意見多，但對於整個品牌與公司的發展卻不見得有利，因此，就算當時內心有諸多掙扎，我還是決定放權讓專業經理人整頓公司。當時創空間決定轉往控股公司，而為了符合法規與提升服務品質，聘任內部稽核人員優化作業流程，導入 E 化系統及 ISO9001 認證品質管理系統，大幅度的改革方針，更讓難以適應的老臣們紛紛求去。

" **老闆要自省，當知道自己不足時就要讓「專業的」來！** **"**
—— 洪韓華 Elen

■ 經營筆記 TIPS：

✓ 保持開放的心，經營產業不同可能性
✓ 認清自己的困境，積極尋求解決之道
✓「先準備組織再去創造營收，還是先創造營收再補人？」是公司與企業的差別

組織分權品牌優化，
營運三大策略

創空間自權釋設計開始後 10 年進入組織分權階段，以開展水平布局、擴大海外據點、品牌管理優化，三大營運策略為中心，對外積極擴展事業體，在這個時期成立了 CONCEPT 北歐建築、JA 建築旅人等品牌，並且合併日和設計進入創空間，同時西進大陸成立分公司，而對內則進行品牌整合與優化，還有企業全方面 E 化等，確認創空間集團架構。

策略一、開展水平布局：
整併創新多元化產品，持續開拓事業體

此階段是創空間開始積極擴張企業版圖，拓展產品廣度的重要時期，分為設計及家具兩大事業群：

在設計事業群部分，於 2014 年成立「CONCEPT 北歐建築」室內設計品牌、2015 年成立建設公司「JA 建築旅人」建築建設品牌，並於 2017 年合併「日和設計」室內設計品牌。創空間秉持「82 原則」培養人才──80% 有機栽培人才，20% 專業經理人。80% 透過內部有機栽培人員，培養品牌總監及營運合夥人，成立「CONCEPT 北歐建築」即是一例，創空間代理 BoConcept 後因為推廣北歐生活態度，而讓消費者對於北歐的居家有所嚮往，進而從門市接到不少室內設計案，當時被委任管理 BoConcept 的公司元老，後來在成立 CONCEPT 北歐建築時也升任為設計總監。另外 20% 的專業經理人，則來自各行各業，如日和設計，雖然同為室內設計公司，但因為市場客群不同，持續擴展創空間版圖；而 JA 建築旅人，則是延攬建築師開展建築設計，甚至是日後的建築建設開發領域。

人才組合多元更有利於事業體不同的發展。

在家具事業群部分，亦持續代理優質的義大利家具品牌進入 Creative CASA，2014 年總代理 Colombini Casa 義大利進口家具，此外，也不斷進行家具門市的展店，如 2014 年義大利 Chateau d'Ax 家具夏圖旗艦店的開幕，持續拓展事業體。

策略二、擴大海外據點：
前進中國大陸，跨足海外市場

受到科技日新月異與數位工具的推陳出新，以往因為重視個人化服務，並且在設計和施工間得要經過嚴密的協調和近距離控制的室內設計產業，也逐漸打破地域上的限制，擴大接案區域，但如果要深根當地，仍然需要有本土據點，從第二階段成立台中設計中心分部，跨出北部拓展全台灣市場後，在此階段亦開始思考海外市場，而台灣室內設計公司選擇前進海外，從語言與空間設計形式來看，多半會先進軍大陸，創空間亦不例外，透過受邀前往大陸協助品牌展店，並且運用以往的人脈與設計經驗專注於商業空間的發展，用台灣設計力展現格局與規模。

為了確保服務聯繫與施工品質，創空間於 2016 年成立廈門設計中心分部，並於次年成立上海設計中心分部，跨足海外市場。而因為創空間從權釋設計創始以來即是將設計、工程、行銷業務三權分立，這樣的機制在擴展公司版圖與跨足海外市場上具有極大的優勢：專業分工令組織更具市場競爭力，且流程調整更有彈性，而此次擴大海外據點，對於創空間本身更有擴大客戶群體及訓練團隊跨國提案能力等優點。

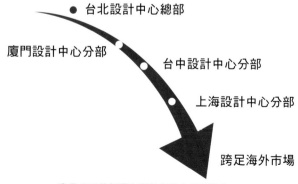

專業分工的組織有利於海外市場的進入。

策略三、品牌管理優化：
開展品牌整合，全方面啟動 E 化管理

品牌的建立與營運是一個需要全面思考且長遠經營的過程，如果企業沒有制定策略計畫和目標，在品牌經營發展的路上很難順遂，因為缺乏戰略難以瞄準想要的目標市場，且在行銷和銷售時，缺乏品牌經營與策略，公司內部的專案團隊與主管無法做出有效的決策及管理，自然公司的發展就可能停滯無法往前。因此 2012 年創空間委託品牌顧問公司協助品牌確立定位與優化—錨定創空間的品牌精神，並且根據每個品牌作出企業識別，確認市場定位。

隨著公司品牌一個個成立，為了加速擴大市場與水平布局，增加現金流，事業群互為支援，提高經營效率，加上代理 BoConcept 時藉由募資，公司擁有 26 名員工股東，因此 2014 年「創空間集團」因應而生，透過創空間控股公司整合集團股權與營業項目，並讓集團各品牌可在各服務環節曝光，提高能見度。

在此階段創空間亦更全方面進行 E 化，通過 E 化系統（包含 EIP、ERP 系統，連結各地雲端網路）來改善業務流程、提升效率和創造價值，達成更有效的客戶服務流程，並縮短內部紙本文件溝通時效。創空間自權釋設計創始以來即十分重視資訊管理，於前期即導入 ERP 系統化管理，並於 2012 年將專案管理 E 化及 2016 年導入人資系統將人事管理 E 化等，期望降低營運成本、加快營運速率，讓創空間整體更具競爭與獲利能力。

專業經理人加入與企業 E 化
邁向集團控股

創空間進入組織分權階段，於 2014 年創空間因應公司規模及營運擴大轉向控股公司邁進，為確保企業符合法規規範，並提升品牌服務價值，進行一系列的管理建置：聘任專業經理人、聘任內部稽核人員、導入 ISO9001 認證品質管理系統、導入人資、ERP、EIP 等 E 化系統等，將原有的標準作業流程升級接軌集團化經營，帶領創空間迎向永續、傳承的目標。

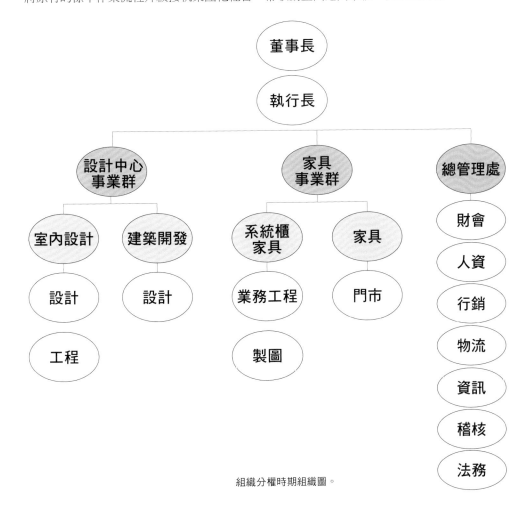

組織分權時期組織圖。

→生產管理：導入 ISO 認證、工地保險與全員證照維持產品與服務品質

品質向來是消費者最重視的問題之一，即使在室內設計產業亦同，就算設計再突出、有創意、符合生活所需，但是完工品質不如預期甚至出狀況是絕對無法讓業主滿意。一般設計公司會藉由專案管理來維護設計與施工品質，而創空間除了專案管理外，為了建立永續經營與安心感，於 2016 年聘任內部稽核人員，優化作業流程，管控營運風險，於 2017 年導入 ISO9001 認證品質管理系統，其是由國際標準化組織 International Organization for Standardization（簡稱 ISO），所制定的一項通用標準，用來協助企業維持產品與服務，確保品質穩定一致，也是現今最知名的 ISO 認證，適用於各產業的製造商、貿易公司、政府機構和學術單位，創空間也藉由導入認證來達成統一標準，維持產品與服務品質，2017 年至今已經連續七年通過 ISO 9001：2015 品質管理系統標準。

而室內設計中最重要就是工程能否安全及完善，在此階段亦開始加入工程保險，並要求所有技術人員具備證照，確保整個工程期間的安全與品質。

2017 年導入 ISO9001 認證品質管理系統確保品質穩定一致。

→行銷管理：藉市場區隔、目標市場與定位（STP）三步驟整合串連

創空間原本對於旗下的品牌皆有規劃，但因為成立時期不一，在品牌與品牌之間難以明確定調，即使風格、屬性不同，但是仍有局部定位模糊的問題，因此在此階段由品牌顧問公司協助品牌優化，並正式成立行銷部門，自營媒體 FB、IG、YT，且聘入專業經理人針對品牌行銷管理進行整合與串連。

由於室內設計產業愈趨成熟，在供給大於需求的市場中，想要進行有效的行銷，必須採取「目標市場行銷」[註]，才能切中目標。而目標市場行銷有三個步驟，簡稱 STP：劃分「市場區隔」（Segmentation）、選擇「目標市場」（Targeting）、確立「市場定位」（Positioning），藉由這些步驟將創空間旗下品牌的 TA（客群）分類更精準，找到每個品牌該有的位置，再透過官網重整、作品分類、分眾廣告、埋關鍵字等，擴大品牌的能見度與增加客群瞄準度。

註：根據某些消費者特性將市場分類，然後決定為哪一群消費者提供什麼產品或特色。

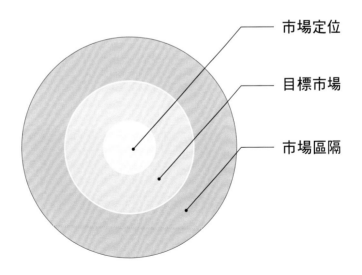

市場定位

目標市場

市場區隔

透過 STP 更清楚市場目標。

→人資管理：聘任專業經理人，落實集團經營權分治

隨著創空間規模快速擴大，與持續向集團控股路線邁進，2016年除了任用內部稽核人員優化作業流程之外，更聘任專業經理人落實集團經營權分治之精神。其提出人資管理235原則：將公司人員分為核心幹部、中階主管與執行同仁，且區分比例，由20%核心幹部帶領30%中階管理，培育50%同仁跟隨成長，搭配每年進行績效考核KPI，確認流暢通順的晉升管道。此外，導入線上版人資人事管理系統之後，讓人資人事考績管理更為透明、清楚，並且因為E化能滿足全台及海外據點集團化管理需求。

→研發管理：循環創新與組織創新，於穩健中成長

創空間旗下品牌增加，服務的客群更為多元，同時也激起同仁創新的意願，此階段鼓勵設計師們參與國內外各大獎項，除了給予獎金外，也讓得獎設計師親自到場領獎並將該獎項榮耀歸於個人，提升設計創新與品牌知名度。而因為營運策略，創空間進駐廈門、上海，由台灣研發設計、大陸團隊接案，促成有機團隊萌芽，在短時間接觸多元且大型專案的歷練後，整體設計力亦得以向上成長。

另一方面，創空間旗下的品牌、產品越來越多，亦不再僅止於設計創新，而是每一年依著內外部環境的改變進行調整循環創新——調整創空間於產業內的節奏，以及組織創新——營運、財務、設計、家具零售全方面，使其在穩健中苗壯，進而達到企業創新。

創新必須多元才能讓企業均衡的發展。

→財務管理：精準報價，確保案件利潤

從設計到工程的一條龍設計，其利潤維繫在工程執行的單案毛利，報價必須十分精準，才不會因浮報降低競爭力，也不會因少報而損及收益。為了能精準確認每個案件的利潤，創空間於設計階段即採用系統報價，將設計工時、工班價格、材料成本輸入，加上期望的毛利率，精準反推出報價，並搭配獎金機制，從報價發包開始就確保案件利潤。

→資訊管理：導入 ERP 及 EIP 系統企業全面 E 化

在上一階段創空間導入 ERP 系統化管理，為的是將財會與出納分開管理，確保帳務清晰，由於 ERP 是從財務管理者角度出發所設計，當創空間開始全面 E 化後就不敷使用，此階段更加上導入 EIP^(註)，並客製創空間的報價系統，從打卡出勤、績效考核到專案管理——接案開始即輸入資料至系統，預估案件與各流程所需時間，確保人力、材料成本及利潤，將「產銷人發財」企管五管全數 E 化，完成資訊管理。

註：EIP（Enterprise Information Portal）企業入口網站，可整合企業內外資訊的統一介面，同時也是一種自動辦公系統，可以透過 EIP 進行工作管理，查看員工出缺勤、每日行程、工作報告等，有效掌控工作進度，也提供管理者在制定決策時的必要支援，提升企業辦公的整體效率。

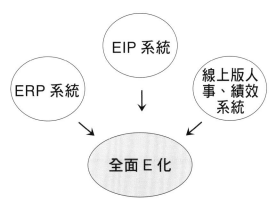

透過資訊管理提升組織效能。

C::NCEPT
北歐建築

取法自然、以人為本，
構築理想的生活場景

CONCEPT 北歐建築以北歐精神與建築思考為室內設計底蘊，以人的生活體驗、嚮往為出發，追根究底的體貼設計與富含生命力的色彩運用，並結合結構環境思考，打造居者獨一無二的空間旅程。

「改變，是 CONCEPT 北歐建築的初衷，讓空間反璞歸真，是
CONCEPT 北歐建築的目的。探索北歐人與自然共生的態度，回歸
原有的生活本質，是 CONCEPT 北歐建築實實在在傳遞的設計心
思維。」2014 年成立的 CONCEPT 北歐建築，是創空間暨權釋設
計成立以來的第二間室內設計公司品牌，因為代理北歐丹麥的家具
品牌 BoConcept，北歐人酷愛簡樸自然的生活、追求生活品質，由
內而外具有美感且身心靈富足的精神也隨著 BoConcept 來到台灣，
漸漸地消費者除了買家具外，也希望在居家、建築到環境都能創造
出北歐的生活態度，促使了 CONCEPT 北歐建築的創立。

創空間集團下擁有五個室內設計、商業空間與建築設計品牌：權釋
設計、CONCEPT 北歐建築、日和設計、權磐設計、JA 建築旅人，
針對不同客群與訴求提供對應的設計態度與服務，CONCEPT 北歐
建築以北歐精神與建築思考為出發，設計不再是將格局全部打掉重
練，只講究材質、設計的複雜度，而是將屋主的生活融入設計當中，
將建築與在地人文結合。

「我常問屋主為什麼要搬到這裡？對這個家有什麼期待？」
CONCEPT 北歐建築創辦人留郁琪 Doris 說道，「空間因人而生，
我會和他們一起探索想要的居家情境與體驗，一起將人的感性與空
間的理性結合」，CONCEPT 北歐建築從一個深邃的原點，逐步地，
詮釋關於空間的故事。

1. 北歐精神能從空間體現：此案塗料從牆面、天花板頂部，擴及壁面，地面選擇同色系地磚相互輝映，呈現洞穴純淨意象的戲劇張力。

2. CONCEPT 北歐建築有別於一般室內設計手法，而是從建築結構、構造、梁柱關係開始討論，將此複層空間利用旋轉梯取代垂直動線，藉由穿透與挑空串連無拘束的互動距離。

3. CONCEPT 北歐建築於空間設計中摒棄形式上的追求，探究生活的本質與體驗，讓空間因人而生。

品牌特色

特色 1. 追求簡單知足的北歐精神

CONCEPT 北歐建築由簡單、隨性、不追求富麗堂皇的北歐精神出發，將北歐生活的貼近自然、人性、質樸的美好帶到居家生活之中，並以居者為中心，讓生活與空間自然而然地結合。

特色 2. 設計從建築、在地環境、生活樂趣開始

CONCEPT 北歐建築的設計回歸地理環境與人文特質，從建築結構、座向、採光、通風開始，並且全方位考慮生活動線、環保、自然與彈性留白，並與屋主共同攜手，從 0 到 1 進行討論、規劃及整合。

特色 3. 與屋主一起進行設計旅程創造回憶

CONCEPT 北歐建築將設計比喻為一趟旅程，邀請屋主一起進行設計旅行：一同規劃進而一點一滴創造空間的樣貌、將回憶、嚮往注入居家裡，構築獨一無二的生活場景。

特色 4. 以人為本，空間因人而生

與一般認為的北歐風就是文化石牆、繽紛跳色不同，CONCEPT 北歐建築去無存菁，將設計降到最低限度，以人為本，摒棄形式上的追求，探究生活的本質與體驗，讓空間因人而生。

空間以白色系礦物塗料表現自然肌理並突出豐富有層次的手刷感，而圓潤弧形結構引領視覺的延伸感。

Case 1. 毛胚屋／ 140 坪／ 4 房 2 廳 6 衛
純粹／象徵純粹、虛心與潔淨，
找回自由與生命的精義

背景分析：崇尚極簡生活的夫妻

品嚐過生活奢華炫麗的屋主夫妻，在千帆過盡後，對於美的定義與要求，走向極簡「less is more」，更加追求本質的純淨，及身心靈深層的寧靜。因而許下願望，尋覓一處遺世獨立的生活居所，讓自己能完全放鬆並享受自然，因此 CONCEPT 北歐建築結合自然樸實回應屋主所需。

設計概念：以極簡主義與日式禪宗為主軸

摒除多餘的線條形式與物質，用最簡約的創造拒絕消費主義，握回生活主導權。日本茶道以窄小的入口傳遞謙遜，本案也以壓縮框景、幽黯的湯屋、無定向的茶桌與玻璃門，解放刺激疲乏的感官，引導將注意力收回自身周遭環境變化，在謙

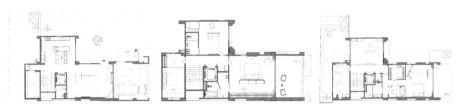

純粹平面配置圖：
140坪四層樓的透天空間透過機能分區，以一步一景，引導人與環境互動的體驗空間如：枯山水庭園、瑜珈室、茶室、湯屋等。

卑地內觀反思後重啟心靈之眼。庭園的枯山水，象徵重新定位生活，在互動過程察覺自然與自身之更新，這個設計也呼應達賴喇嘛說的，佛法的本意並非讓人改信宗教，而是給予人們工具，讓他們有能力創造更大的快樂。

創意手法：每個空間富有主題並以純白設計串連

庭園的枯山水，象徵回歸生活本質追求精神，察覺自然與自身之更新，靜靜凝視內心，感悟禪意並淨化心靈。而每個樓層、角隅亦有主題，從戶外庭院的枯山水、餐飲交誼島嶼，到樓梯間、廊道的過渡空間，還有獨立的酒窖、和室、湯屋、瑜珈室等，以純白但保有層次的設計串連空間，在簡約、開放的空間設計垂直性與水平性的一步一景，引導人與環境互動，生活是在庭院裡踏階而行、用木耙子畫出枯山水、茶室沏茶品茗、湯屋泡湯，藉由空間與所延伸的行為開啟與自己的對話，照顧內心小孩。室內以粗樸一以貫之，在材質種類、色調變化單一，實踐少即是多的初衷；生活選品則是經典設計與實用機能並進，並滿足基礎收納與生活機能。

情感回饋：回歸到無，看見自己對內心寧靜的追求

每個角落都蛻變出一種放鬆的可能，一起回歸到無，看見自己對內心寧靜的追求而不假外求。以「空」、「無常」架構體驗性空間，打造一方純白但保有層次的場域，共鳴出靜謐且純粹的氣息，留待主客在此設茶席、把酒言歡…。「分割面設計得越簡單，就要做得越精細。」設計師如是說，而想要過上不費力的人生不也是如此嗎？

1. 日式庭院的枯山水，以禪宗思想為基礎，利
   用石頭與砂子呈現自然與宇宙，透過提供木
   耙子自由重劃碎石，呼應達賴喇嘛所說：「佛
   法的本意並非讓人改信宗教，而是給予人們
   工具，讓他們有能力創造更大的快樂。」
2. 空間中保留獨棟建築原始結構與氛圍，並且
   透過大量留白體現不完滿的侘寂哲思。
3. 餐桌上銀河般的金絲星曜燈具，帶入五行中
   「金」的「變革、清潔、收斂」。

3

4

4. 每個角落都蛻變出一種放鬆的可能,透過
   瑜伽、冥想與自己進行最深層的溝通。
5-7. 主臥延伸公共區的質樸調性,於材質種類
   與色調變化調至最低限度,並運用戶外自
   然光與室內間接照明賦予立體層次。

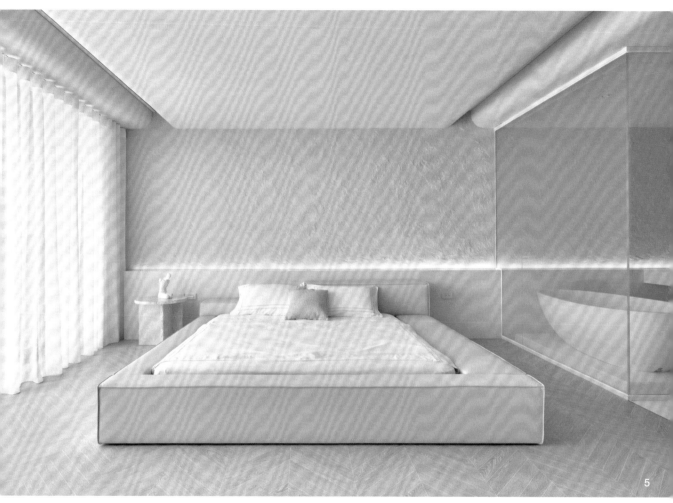

5

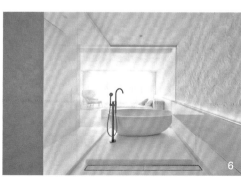

6

7

在繁忙的生活中，藉由家人陪伴、聚焦設計與愛好家具，讓疲憊的心在好好放鬆。

Case 2. 中古屋／41坪／2房2廳2衛

靜謐／讓空間溫柔以待，
一個獨處的地方，剛剛好！

背景分析：渴望舒壓的放鬆居宅

屋主眼光獨到，遊走世界各地，收藏經典單椅、藝術品、畫作等，這是屋主紓壓的
方式，期待重新定義人生階段的住所，將收藏融入生活之中，將喜愛的藍結合設計
之中，同時符合友善空間的需求，打造長輩的渡假宅。

設計概念：開放式空間以簡潔的線條勾勒流暢生活輪廓

簡潔的線條勾勒出流暢的生活輪廓，賦予穿透性，開放式的公區設計並將臥室區縮
減，透過家具、設計形式的隱形界定，家人們能在同一個空間共享情感卻也能獨立
作業，例如爸爸在寫書法、媽媽看電視、小孩玩著拼圖等，家庭成員分散於每一處
各自活動時，卻同時能關照彼此，象徵著家人獨立又緊密連結的情感。

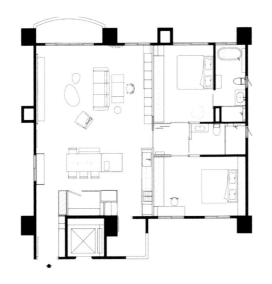

靜謐平面配置圖：
格局採取開放式的公區設計並讓寢臥回歸簡單的休息機能，讓家人們在一起的空間變多了，創造緊密的情感交流。

創意手法：挑選品味家具為空間增色

CONCEPT 北歐建築認為空間是乘載生活的載體，而這些隨手觸摸的家具、材質是生活，而因為屋主喜歡藍色，對於藝術品與家具單品，擁有極高的品味要求，因此在空間中佈置一些藍色的元素跳動，如公共空間中央正上方擘劃出一片橢圓造型藍天，懸掛白色的圓型吊燈，有如一朵朵飄浮的雲朵；青藍色 Koishi 卵石桌凳，出自於深澤直人回憶中多摩川淙淙河水沖刷的鵝卵石，搭配 Antonio Citterio 的藍色 Soft Dream 沙發，當忙碌一天後回到家，躺在沙發上望著天花、茶几似乎就能卸下包袱，享受寧靜，是安靜而優雅的空間姿態。

情感回饋：擘劃出一片藍天，盡情享受做自己

人生就像是一條時而曲折、時而潛伏的河流，飛快疾馳地走過許多人生中對應的角色。不斷往前，隨著身上肩負的重擔和責任越重，悠關每一件人事物的決定就不只是自己。於是，CONCEPT 北歐建築決定為屋主擘劃出一片藍天，在這個空間讓屋主可以盡情的做自己。當一切都回歸到內心，卸下包袱，享受寧靜，感受喜愛的事物所帶來的動人意喻。彷彿河流流過心頭，以為沒有什麼，卻早已沖刷斧鑿出一道記憶的痕跡。回到最原始的本心，一個屬於自己的獨處空間，即使上一刻的紛擾嘈雜，在這一秒，也能歸於平靜。

1-2. 公共空間橢圓造型天花象徵藍天，而懸掛迴
    旋霧白刻痕 Rituals 磨砂玻璃吊燈，是雲朵
    飄飄的自由。
3.　 空間中藉由家飾、燈具展現生動活潑的視
    覺，例如餐桌上的吊燈捕捉了鳥兒在枝頭上
    啁啾休憩的畫面，呈現有趣的視覺意象面。
4.　 由下往上看的畫面，不工整的手作線條如同
    獨一無二的藝術畫作。

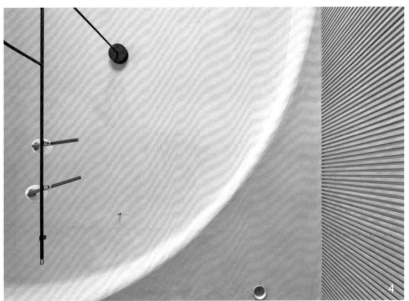

5

5. 空間施以米色系的萊姆石塗料，在清清淺淺
   之中乘載生活的重量，而 Bolefloor 曲線木
   地板，將來自樹幹的生命力，在工匠手製的
   自然曲線中盡顯無遺。

6. 臥房延續公共空間的暖白色系，有機造型的
   燈罩形狀流淌溫暖微光不會刺眼。

6

以人的行為出發，
串起家族之間緊密的「絆」

居家設計從來不僅是在空間挹注美感，描繪一幅亮麗風景而已，日和設計將空間配置退之後方，以「行為」開始發想，架構人與人之間的動態，相互融合凝聚，成就能創造美好情感的居所。

成立於 2007 年夏天的日和設計，創始初衷是期望讓人與人之間更緊密，以空間中「人的行為」出發，透過設計拉近人們彼此的距離，成為家人情感溫度的橋梁，並且體貼每位成員的獨特，凝聚一群人的同質性，找到「家」的生活價值。並於 2017 年加入創空間，與集團下其他室內設計、商業空間與建築設計品牌：權釋設計、CONCEPT 北歐建築、JA 建築旅人及權磐設計共築創空間設計版圖。

「在空間設計裡，我在意日積月累，也就是每天所會發生的行為，最後累積成為家庭價值，並於其中添加屬於家庭的習慣、信仰或是重要節日，如一張正式餐桌家人一起吃早餐、一顆擺放聖誕樹的位置等藉此塑造生活儀式感，串連、凝聚家人之間的情感」日和設計創辦人呂宗儒 Johnny 說道，「就像日文裡「絆（KIZUNA）」這個字，指的是兩個人（或多個人）結下深厚的關係，常用來形容人與人之間正面、美好、深厚感情的束縛和羈絆，而利用設計來達成家人之間的「絆（KIZUNA）」就是日和的真諦。」也因此日和設計的居家公共空間以開放設計為主軸，提供場所讓人與人產生對話、交流，替家人、朋友、孩子、寵物打造舒適自由的共生環境，重視家庭的成長與互動，分享愛的溫度，為家族打造體貼的公共空間，同時尊重每一個居住者的個體性，讓人我之間能夠得到和諧的平衡點。

1. 日和設計以行為發想進行空間的互動設計，此案將原有居家格局打通成玄關、客餐區、主臥、衛浴及私人更衣室，透過室內動線的巧思設計，使屋主能自由移動家中，細膩品味生活。
2. 開放式設計能讓家人的情感凝聚，在此案去除隔間以一個中島式設計的低矮隔牆，串連起客廳、餐廳與廚房三個空間，使生活動線更加通透簡俐，讓兩個人的軸線因空間交會、重疊。
3. 想要擁有自然舒適的居家空間，大量的木質調與大地色系能夠賦予溫潤、放鬆的視覺。

3

品牌特色

特色 1. 設計以人的行為為主、空間配置為輔

日和設計的居家，以人的行為為主，空間配置為輔，從家人的價值觀到世界觀探討生活該怎麼規劃，如何度過，再透過設計讓這些人我之間的行為實踐並且更為緊密。

特色 2. 開放設計串連、共享情感

期望創造人與人之間更緊密價值的日和設計，居家的公共空間多半採取開放式設計，不論身處何處，在料理、在工作或是在看電視，都能與其他場域的家人們有所照應，感受陪伴並共享情感。

特色 3. 木材質、大地色系提供自然舒適的基調

日和設計不講求設計亮點，而是給予家人們舒適放鬆的生活空間，並藉由設計串連彼此的情感，因此在材質選擇與配色上以木質調與大地色為主，提供自然合宜的空間基調。

特色 4. 留白不做滿，設計隨需求彈性調整

隨著家庭成員的成長或增減，空間機能可能有所變化，日和設計主張設計不做滿，透過留白與提供五年、十年的平面配置圖讓使用保有彈性調整的空間。

空間以白色系礦物塗料表現自然肌理並突出豐富有層次的手刷感，而圓潤弧形結構則製造洞穴意象增加場域的戲劇張力。

Case 1. 新成屋／70坪／二房二廳二衛
依山／找回從容生活的平衡點

背景分析：生活藝術家屋主

這是兩位生活藝術家的居所，男主人喜愛日式禪意，女主人則是偏愛英法優雅，因此在這個依山的住居中，日和設計將東西風格形式相互融合於此空間之中。

設計概念：順應自然的生活美學

在山野和城市的邊境之間，與層層疊疊青山與藍天輕風相伴，將順應自然的生活美學，展現在簡樸素雅的私人居所中。以「一期一會」的相遇，以茶道展現「款待」賓客的心意，將本案基地擁有極佳的遠山景色，規劃在客餐廳區域，並透過三條主動線賦予生活最大的可能性。

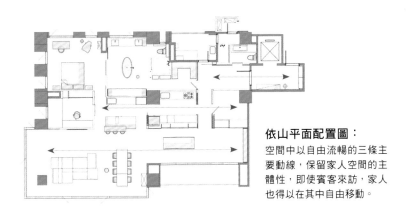

依山平面配置圖：
空間中以自由流暢的三條主要動線，保留家人空間的主體性，即使賓客來訪，家人也得以在其中自由移動。

創意手法：流暢動線賦予生活各種型態

一進入室內，壓縮延伸的玄關經過廊道轉折，大量的留白空間與廊道牆面陳列屋主的攝影作品，有如閒逛藝廊，並且讓嘈雜紛亂的外部聲音消停得以寧靜，令動線的行進成為一種感官反應的空間體驗。轉個彎豁然開朗，窗外大片山景，自然鮮活的氣息映入眼簾，簡樸素雅的茶室營造出放鬆愜意的氛圍；而當竹簾垂放，障子門拉起，光線層層過濾，則化身充滿包覆性的唯心空間，是主人靜心打坐、禮佛的居心地，亦是客人留宿的空間。廳區中頂天立地，宛如從空間中自然長出昂然立於天地的原木支柱，有著原木粗獷、裂凹彎曲、飽經風霜的自然姿態，與戶外自然綠意相互映襯。屋主的收藏亦巧妙展示於空間角隅，為室內留白及素雅質樸增加亮點。而另外兩條動線可從玄關至內廚再到廳區，或是玄關直接進入更衣室與主臥，運用分割與留白，保留家人空間的主體性，讓居住者可以從容地遊走其中，詮釋生活的各種形式樣態。

情感回饋：將藝術融入生活與美感共存

如果說生活即藝術，那麼藝術就不單純只是做為觀賞的用途，更重要的是，它必須成為一個令人愉悅的空間，讓居住者可以從容地生活其中。日和設計於此案規劃與美感共存的空間，同時尊重每一個居住者的個體性，讓人我之間能夠得到和諧的平衡點，對現代居住在喧囂城市的尋隱者來說，分外重要。

1-2. 從靜謐深邃的玄關進入，廊道牆面陳列屋主的攝影作品，轉化入室情緒，並帶來一步一景的藝術感受。

3-4. 擁有大片山景的茶室空間，除了能遙望遠山，將竹簾垂放、障子門拉起則成為主人靜心冥想或是招待客人留宿的空間。

5-6. 客餐廳區域三面窗景開闊的手法展現,透過大片落地窗景,居者可隨著一天的時序欣賞日光灑落與光影變化,享受慢生活步調。

7-8. 動線的行進成為一種感官反應的空間體驗,從玄關進入具有三條自由流暢的主動線,讓家人能隨意地穿梭其中享受人我相聚、獨立的樂趣。

開放式的空間設計令家人能共同參與生活中的每個美好片刻。

Case 2. 新成屋／37 坪／三房二廳二衛
閑雅／漫遊書海　在字裡行間找回真誠感動

背景分析：愛閱讀的三口之家

三口之家無論是兩夫妻或是孩子都熱愛閱讀，且喜歡共處在同一空間中，
一同閱覽家中的大量藏書、一同玩樂、一起烹飪享受美食，因此設計師
在格局規劃透過回字型設計將書櫃、沙發、中島產生串連，令家人的彼
此的行為有所交集，共享陪伴。

設計概念：閑雅心情感受生活美好

「以閑雅的心情」進行閱讀是空間主要的設計概念，並透過配色、材質

閒雅平面配置圖：
公共空間採取開放式回字型設計令家人無論在何處都能互相關照。

賦予凝聚柔和的感受。而公區採開闊式設計，將空間打通，讓每位家庭成員可以共同參與生活中的每個美好片刻：烹飪的香味彌漫著整個空間，談笑聲繚繞於書籍間；機能式收納設計則讓每本書都能被好好安放；天花板的嫻雅弧形設計，猶如翻書時優雅模樣，並與設計主軸相互呼應。

創意手法：回字型動線與機能書櫃配置

為了讓家人能夠凝聚情感，廳區採以回字形動線設計，放置大型中島互動式沙發，讓家庭成員能夠聚在一塊，邊看書、邊談天，並將牆壁設計成雙層滑軌式書櫃，採機能式收納法，將家中大量的藏書一一排列整齊，增加空間視覺寬敞、舒適度，書籍的排列依照閱讀頻率與使用者來規劃：成人的書放置高層，兒童書籍則放在低層方便拿取，這個家裡沒有電視，取而代之的是翻閱書籍刷刷聲和談笑風生的銀鈴笑聲，或是一起肩併著肩專注看著投影布幕上電影的屏氣凝神，與家人一齊共享生活的每一刻。

情感回饋：常保閒雅心情的共享圖書館

如果，家裡有一間圖書館，你想像中的樣子會是什麼呢？午後來杯咖啡，和家人暢談書中故事；晚間，來點溫馨閱讀時光，家人間的互動、情感，被書冊圍繞。日和設計期盼透過設計讓家變成一個能常保閒雅心情的共享圖書館。

1-2. 無方向性沙發、整排書櫃與中島餐桌圍繞著呈回字型設計，提供順暢無礙的行進動線。

3-4. 廚房中島連結餐桌，在空間中間形成回字的環狀動線，令中島吧檯成為餐桌的倚靠，既可以廚房機能的擴充，也能輔助餐廳收納，同時滿足親朋好友來訪聚會的需求。

5. 廊道的多功能區是琴房亦是運動空間，牆面
   利用洞洞板展示居者長年征戰運動比賽的獎
   章與榮耀。
6. 書牆採用 edHOUSE 機能櫥櫃結合系統櫃、
   鐵工、木工打造，突破系統櫃承重限制承載
   大量藏書與滑梯的使用。
7-8. 書櫃牆上裝置燈帶提供閱讀時的照明，與餐
   桌上的造型吊燈於實用機能外賦予柔和雅緻
   的氛圍效果。

Chapter 4.
協作傳承 2018 ～

創空間集團

設計中心事業群

生活美學事業群

室內設計	建築開發	系統櫃家具	家具	軟裝
權釋設計 ALLNESS DESIGN	JA 建築旅人 JOURNEY ARCHITECTURE	HOUSE 機能櫥櫃	BoConcept®	
日和設計 HIYORI DESIGN				
CONCEPT 北歐建築			創空間 CREATIVE CASA	
權磐 INCEPTION5.				
匠職人			Kartell	

延攬專業結合設計管理，
永續經營創空間

創空間體系越來越龐大，除了設計公司、家具零售外還有建築開發的加入，逼著我前往 EMBA 進修管理方法，而在 EMBA 就讀時我更領悟到這艘大船不能只由我來掌舵，必須要有專業經理人的加入。在幾經考慮後邀請了我在 EMBA 裡有著豐富企業管理經驗的同學加入，雖然一開始就知道空降專業經理人，公司裡的老臣們不一定能信服與接納，但真的面對這些跟隨十幾甚至二十年的老同事們來跟我訴苦，甚至決定離去時，內心還是掙扎萬分，但公司的成長不能被個人的情感阻礙，而這也讓我體會到，當組織邁向不同階段時，並非所有人都適合一同前行。

專業經理人的改革

面對理性與感性的折磨，為了創空間的未來發展，我還是忍痛做出選擇，當然也是因專業經理人獨到的管理方法，在經手後不到一年，就讓原本虧損的事業體轉虧為盈，亦令我確信當初聘請專業經理人這個決定相當正確，因此很快的將他升任為集團 CEO 掌管全集團事業體。當時他做了幾項決策對於集團的日後發展影響甚巨。

改革一、開關店邏輯：須對品牌或是營運有利

之前有提到，這位專業經理人一進創空間就決定關掉家具部門的幾間門市，一間店的設立成本是上千萬台幣，平白損失好幾千萬的我可是嚇得冷汗直流，然而他對於開關

> **精準的市場眼光需要培養，平常多聽多看多練習。**
> —— 洪韡華 Elen

店舖有著一套邏輯：每一間的門市使命不同，不一定每間都需要賺錢，有些是對品牌發展有助力，有些則是有實際的利潤，然而兩者皆不具備且在未來三、五年甚至十年都沒有成長的可能性，就需要另謀適合的地點。

改革二、精準市場眼光，危機即時入市

再來是他精準的市場眼光每每讓人驚嘆，或許是因為在大型電子企業通路得來的經驗，對於國內外市場的變化格外敏銳，總是能精準的判斷何時要進貨，何時要兌換美元爭取價差，就像是疫情剛爆發時，大部分的人都還在猶豫是不是要下貨櫃，但是他就下了指令：現在全部下、拼命下，因為他考慮到創空間的家具是進口生意，如果有訂單沒貨賣反而對品牌日後的營運造成危機，因此在疫情剛開始時就補足貨源，這也讓家具部門於疫情造成航運停滯時仍能逆勢成長，營收與獲利皆創新高。

> " 經營公司可不能婦人之仁，該講規矩的時候還是要狠下心。 "
> —— 洪韡華 Elen

改革三、賞罰分明，帶領企業步上軌道

對於內部管理部分，專業經理人則有如鐵血宰相，用人唯才：確立指導方針、了解每個員工的優缺點，並調配到適合的位置上，因材施教；訂定 KPI 進行獎勵懲處等賞罰分明——就是這些讓當年跟著我的夥伴苦不堪言，但經過共戰與磨合，就如前述所說，CEO 掌舵後成績有目共睹，這些老臣們也逐漸相信他，願意與之共創江山。

疫情後積極拓展事業板塊

在 CEO 接管創空間的管理事務後，整體營運上了軌道，對我來說如虎添翼，他負責整頓內部，而我負責開疆闢土，在景氣低迷的疫情時期，創空間沒有因此消停，反而逆勢成長，無論在品牌拓展、投資與代理家具品牌上都有所斬獲。

成立商空品牌——權磐設計

創空間因為品牌的營運策略與裝修市場的走向，逐漸走向中高端客層，而這些客人多是企業主或是生意人，在完成居家設計後，常將他們的辦公室、店面等商業空間交由我們規劃，一直以來創空間旗下的品牌如權釋設計、CONCEPT 北歐建築、日和設計等皆有商空案件，然而商業空間與居家空間的設計邏輯大相逕庭，居家設計是將屋主的故事於空間中展現出來，強調獨一無二的生活場域，然而商空設計不僅是設計，更需擁有明確的機能取向，與協助品牌做策略性服務，擅長居家的設計師不一定能操刀商業空間，因此將商空設計獨立出來成立品牌。

之前也有提到，創空間的人才為有機栽培與專業經理人兩種模式：由公司培養合夥人或是於各行各業尋找能一起合作的人才，合併或是內部創業一直是創空間擴大設計版圖的方式。於是便整合集團內的商業空間，創立權磐設計服務商業空間業主，除了強化 B2B 市場能見度外，更提供客戶從 C 端到 B 端的完整服務。

持續代理義大利中高階家具，兌現創空間對客戶承諾

另一方面，打造室內設計產業一條龍是我的理想，亦是創空間對客戶的承諾。因此代理義大利進口家具的腳步始終沒有停歇，且已經不是我一人說了算，每每想要「娶進」家具品牌時，都必須經過公司內部核心團隊的決策：雖然每個人都認為 Creative CASA

疫情後與公司高階主管們前進義大利米蘭家具展，總代理義大利家具品牌 Kartell，從沙發、木器到家具拓及 Living 的全方位產品線。

2022 年創空間 Creative CASA 旗艦館於台北建材中心開幕。

的家具品牌已經夠多了，應該暫緩腳步，可是我認為應該給消費者更多的選擇，在疫情後帶著公司高階主管們前進義大利米蘭家具展，告訴團隊為什麼我想拿這些品牌。例如 Kartell，在設計家具界是具有指標性的品牌，在創立之初便以造型多變、色彩鮮豔、質材輕巧的塑料家具，帶動當時一股流行風潮，自始成為家具設計的佼佼者等。此時歐洲經濟正值疲弱，幾個主要品牌在台灣都已經結束代理，正是逆向操作的好時機，一行人在參觀完米蘭展後認同我的想法，最後總代理義大利家具品牌 Kartell，從沙發、木器到家具拓及 Living 的全方位產品線。

轉投資軟裝產業引領合作夥伴成長

室內設計產業的一條龍涵蓋了設計、工程、家具等多個範疇，而軟裝更是不可或缺的一環。為了打造出全方位的生活美學體驗，我們在長期配合的廠商之中挑選最適合創空間的幾間公司，透過轉投資強化供應鏈，應該有人會好奇，這些公司的經濟體並不大，為何不直接整併進來集團內就好呢？這也是我本來所想，但擅長管理的 CEO 給了建議：透過逐步投資引領對方成長，避免僅有創空間單一、獨家的訂單，這樣爆發式的成長，無非是揠苗助長，並不健全，而是當投資合作有一定默契時，彼此也認同時再討論合併事宜。透過這樣轉投資的方式，創空間已有窗簾、壁紙、塗料等軟裝夥伴共同創造產業共好。

擴及產、官、學，累積資源

當公司步入組織化能自動運作，讓我更有餘裕思考公司與自身所擁有與缺乏：創空間以設計公司出身，當公司持續擴張，設計能力是否也能隨之成長呢？或許是因為創空間逐步走向集團化，引起了許多設計公會、協會的注意，進而邀請我去演講，只是大部分的邀約都是請我去分享經營管理，這回讓我陷入思考：作為一家設計公司，最重要的仍然是設計本身啊。「我是否還有足夠的設計能量領導公司的同仁，給予他們養分？我是否能夠持續創新設計？」就像當年被 BoConcept 逼著去念 EMBA，這次自發自省報考中原大學念設計碩士。

回校進修汲取設計養分與設計師們分享

連續報考了三年，其間因為報名時間或是組別等等問題而無法順利進入就讀，但我始終不放棄，最後一次面試，老師問：你現在已經是大老闆了，為什麼還這麼執著想要回來唸書呢？「因為我想奠定自身的設計論述。」我是復興美工出身，大學念家具設計，創業二十多年來，長期以來一直都在輸出沒有輸入，在設計創新上確實遇到了瓶頸。在重回學校念書兩年，吸收課堂上豐沛的設計養分，學習後每週和公司的設計師們開設計研討會，討論設計如何生成，不僅是我在學習，全公司的設計師都一起成長。

"
給他魚吃，不如教他釣魚！
—— 洪韡華 Elen
"

2018 年回校園進修設計碩士獲益匪淺。

設計碩士畢業後回校教書，除了設計外，帶領學子們了解業界生態，提供他們就業機會。

但有趣的是，要決定論文題目時，指導教授說：既然你這麼擅長經營公司，不妨研究設計產業的市場與行銷，「我是來學設計的，怎麼又扯到營運了呢？」但教授解釋：這個架構可以將兩者結合，不僅能引起大家的興趣，更能助於設計產業的發展。因此最後論文題目是「室內裝修產業傳統網路行銷與導入創新網路行銷的差異化研究──以創空間為例」，結合設計與行銷，將過往兩個專長所學集大成，也在這時內心一直以來難以解開的結──「同行都認為 Elen 是商人角色多於設計師身分」徹底放下，並期許能用創業以來的經驗、所學服務社會。

教書、擔任協會理事長，協助產業孵化人才

抱著這樣的心情，畢業後開始回學校教書，發現畢業生只有三分之一左右投入設計產業，可說是設計人才荒，因此決定從校園培養新一代人才，啟動校園深耕計畫，除了設計外，帶領學子們了解業界生態，提供他們就業機會。

當時設計公會、協會、學會都邀請我加入，深入產業後發現整個供應鏈出現銜接問題：產業缺工、廠商缺 E 化、工班斷層等等，我藉由創空間的經驗提供了他們意見與解決方案，例如在公會裡擔任產發委員，協助設計公司與廠商連結等，爾後更受推舉成為台灣空間美學創作交流協會理事長，重新定義協會，將其打造成培養新興設計師的孵化器，透過創空間與公協會於產業裡一同成長。

創空間集團期待生活美學、人類和環境能共生共榮，打造的美好未來。

推廣生活藝術美學，實踐 ESG 邁向永續經營

創空間成立 24 年，歷經四個階段—起點開創、摸石過河、組織分權、協作傳承，我對於設計、美學、藝術的執著，帶領團隊從事設計工作、國際家具品牌代理的經營，不僅是一份憧憬，也是為了推廣生活美學的使命，而未來亦是以此三者為藍圖打造，帶領創空間永續經營。

不再遙不可及！從生活中好好享受藝術

生活美學的部分，創空間從代理 BoConcept、義大利進口家具以來，即向國外師法學習，並且藉由設計與家具、軟裝等傳遞到消費者生活之中，而以往一般人覺得遙不可及的藝術，創空間也在不斷地追尋更多可能性，計畫引進當代藝術家作品，將其整合於生活的範疇之中，並藉由設計交流彼此的靈感與啟發，從不同角度感受藝術的奧妙，讓其徜徉於生活的每一刻。

> **"** **"**
> **當有選擇的時候，才是真正的自由，**
> **不能光有財富及設計自由，管理也要自由。**
> —— 洪韡華 Elen

藉由 ESG 指導創空間永續傳承

另一方面，全球的 ESG 浪潮興起，企業必須注重環保永續、社會責任和公司治理才能獲得市場認同，ESG 是聯合國全球契約在 2004 年提出的一個概念，ESG 中文分別是「環境保護（Environmental）」、「社會責任（Social）」以及「公司治理（Governance）」，而這 3 大指標是 ESG 的核心精神，亦是作為評估企業永續經營的重要指標。

- **環境保護（E）**：企業須重視在經營和發展過程對環境永續議題的影響與責任，包含能源使用、碳排放、水資源管理、廢棄物處理等。

- **社會責任（S）**：企業須重視在社會方面的責任和影響，包含勞工關係、員工福利、供應鏈管理、客戶關係、產品安全等。

- **公司治理（G）**：企業須重視公司的管理結構、透明度及道德標準，公司治理結構、薪酬透明度、獨立性、風險管理等。

創空間集團決心透過 ESG 邁向企業化經營，成為設計產業的永續先鋒，打造生活美學、人類和環境能夠共生共榮、生生不息的美好未來。

創空間參訪藝術家楊柏林探討藝術與空間結合的可能性。

■ 經營筆記 TIPS：

> ✓ 企業體能永續傳承，需要明確的組織分布
> ✓ 居家設計與商業空間迥然不同，不能混為一談
> ✓ 設計創新仍是設計公司的核心
> ✓ 透過 ESG 邁向企業化永續經營

協作傳承邁向永續，
營運四大策略

創空間進入協作傳承階段，組織架構已經完備，為了達到企業的永續經營，透過營運四大策略：持續擴大布局、品牌重新定位、銷售據點擴展、產業品牌建立，讓企業可以保持競爭力，適應變化的市場環境，並在不同世代之間保持連貫性，確立創空間企業的價值觀使其文化傳承延續。

策略一、室內設計、家具零售、軟裝整合與建築開發持續擴大布局

創空間於此階段有著全面的增長策略，包含：室內設計、家具零售、軟裝整合與建築開發皆持續擴大布局，增強產品廣度。

- 室內設計：創空間集團的品牌策略轉向中高階客戶，並迎向商業空間設計市場。一方面擴展全方位的設計路線，另一方面則是補足原本平價裝修市場的營收，因此創立權磐設計進入 B2B 市場。
- 家具零售：疫情後於歐州經濟體疲累之際，Creative CASA 逆勢於 2023 年總代理義大利家具品牌 Kartell，除了 Kartell 是指標性的家具品牌外，Creative CASA 的選品策略以台灣消費者喜愛的義大利牛皮沙發為主，藉由代理多家不同設計機能的義大利牛皮沙發鞏

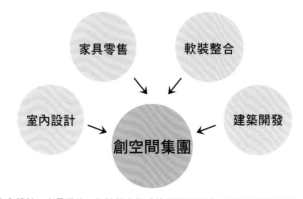

室內設計、家具零售、軟裝整合與建築開發持續擴大創空間集團布局。

固市場，另一方面鎖定二線品牌，並只販售原裝家具，相較於一線品牌家具，二線品牌對於消費者來說相對容易入手，就如 Creative CASA 的 Slogan：負擔得起的奢華。

- **軟裝整合**：利用創空間集團資源逐步培養周邊衛星公司透過轉投資方式，將軟裝資源整合，共創產業興榮。
- **建築開發**：2021 年「JA 建築旅人」啟動危老合建、自地自建，正式由建築設計邁向建築開發，擴大營運規模。

策略二、品牌明確定位、分眾區隔目標市場

創空間到此時期已經成長成一棵大樹，枝葉旺盛卻沒有經過修剪顯得十分雜亂，為了能讓企業體能永續傳承，需要更明確的組織分布，透過將創空間旗下的品牌分為兩大事業群：設計中心與生活美學：設計中心事業群為室內設計——權釋設計、CONCEPT 北歐建築、日和設計、權磐設計，建築開發——JA 建築旅人，並且明確品牌定位與目標族群；生活美學事業群則為進口家具——BoConcept、Creative CASA 與系統櫃家具——edHOUSE 機能櫥櫃，除了是加盟授權、總代理、系統櫃的區隔外，票期、船期長短不一，也藉此重新整理，透過明確區分事業體令集團未來走向更為清晰。

明確區分事業體走向清晰的未來。

策略三、北中南擴大銷售據點增加客群、提高品牌曝光度

擴大據點可幫助企業覆蓋更廣泛的客戶群體，提高品牌曝光度，並增加銷售機會，且不同地區擁有多個銷售據點，可以分擔企業風險，減輕單一地區市場變動對整體業務的影響，有助提高企業的穩定性和可持續性。在設計中心事業群布局上，2017 年成立新竹設計中心分部，服務竹科客群，2018 年則成立高雄設計中心分部，拓展南高市場。在生活美學事業群拓點上，BoConcept、Creative CASA 陸續開設高雄、桃園、台中、竹北門市，並於 2022 年開設台北旗艦門市，進行全台灣布局。

策略四、深根產業品牌，於產官學增加創空間影響力

產業品牌是指在特定產業或行業中建立起來的品牌形象和聲譽。強大的產業品牌對企業來說具有重要意義。有助於企業提升市場份額，吸引更多客戶，帶來長期的經濟收益。創空間一直以來在大眾消費者眼中擁有強勢的品牌力量，於此同時也持續深根產業品牌：Elen 於 2018 年進入中原大學室內設計學系在職專班碩士攻讀，奠定創空間的設計論述，並加強與產業連結，在取得碩士學位後返校教書，於 2021 年啟動校園深耕計畫，參與北區相關科系大學畢業成果展、實習生計畫，培養設計人才，此外，積極加入設計公會、協會、學會，提供創空間資源，串連產業上下游，並於 2020 年擔任台灣空間美學創作交流協會第三屆理事長，改革定義協會功能，建立孵化器系統協助培育設計後進促進產業成長。

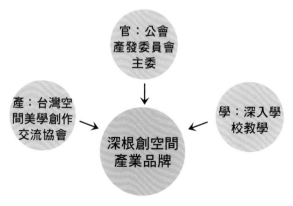

藉由參與設計公會、協會、學會深根創空間產業品牌。

精準有條理管理建置，
提升業務效率、品牌形象與競爭力

創空間自 2018 年後致力於擴展旗下品牌與營運範圍，員工人數破百名，成為大型的生活集團，因應公司與人事的急速發展，於管理建置上需要更為有條理、組織的架構，因此期待透過「產銷人發財資品」七個管理方針提升業務效率、品牌形象和競爭力。

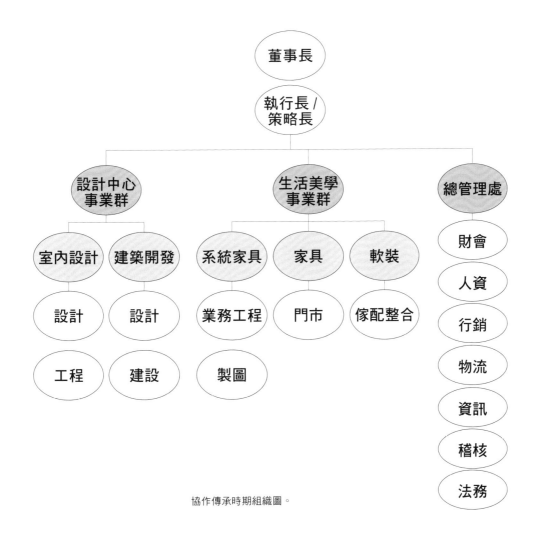

協作傳承時期組織圖。

→生產管理：調整生產節奏，搭配精準流程控管，確保工程進度

裝修缺工、缺料已不是新聞，而自疫情過後更為嚴重，面對大環境的變化該如何妥善應對？創空間提出「調整節奏」的做法：因為缺工、缺料無可避免，反之應改變自己各方面的節奏如簽約、進工、開工、收款、支付等，這個節奏每個公司不一，須與現階段的體量與未來預期成長一起考慮，加上培養國內外市場眼光，了解原物料目前狀況，就可以盡可能減少缺工、缺料影響工程進度。而「調整節奏」需要精準的流程控管才能相互配合，因此 2020 年創空間再次優化各單位內部控制流程及各作業流程規範，確保工作運作有效性和合規性。

→行銷管理：藉由串連官網、通路重整、數據行銷提高行銷效益

創空間旗下品牌眾多，但各自為營缺乏統整性，因此在專業經理人進駐創空間後於 2018 年確認各品牌個性並串連整合品牌官網，於線上建立統一的設計風格、清晰的導航結構提供給用戶更完善的體驗，提升品牌形象。

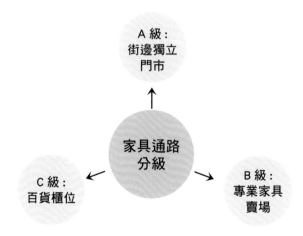

通路分級對應不同市場需求。

而創空間於 2018 ～ 2022 年將家具通路分為 ABC 三級，A 級為街邊獨立門市、B 級為專業家具賣場如紐約家具中心、特力屋等、C 級則為百貨櫃位，並且依照不同屬性配置不同的商品與陳設，如 A 級街邊獨立門市除了展現專業外，更重要的是凸顯品牌氛圍，B 級家具專業賣場面對其他相似產品則需要表現競爭力，而 C 級百貨櫃位則會以 DECO、帶得走的產品為主，藉由通路重整釐清行銷方式。這是因為在行銷 4P 當中，通路最缺乏彈性，一旦確立就不容易變動，因此在確認通路時需要謹慎思考。

此外，以往創空間的行銷模式以媒體行銷、廣告行銷為主，現因應數位科技興盛，數據行銷為日後的行銷主力：透過收集、分析和應用數據，更瞄準目標受眾，與了解市場趨勢和消費者行為，從而提高行銷活動的效果和回報。

→ 人資管理：完善內部人力資源管理，啟動校園實習生計畫向下探求人才

創空間持續向集團控股路線前進，需要定期檢視公司內部制度及薪酬是否合於或優於法規，確保薪酬與員工貢獻和市場水平相匹配，並且建立健全的績效管理制度，確定明確的工作目標和評估標準，因此在 2016 年聘任內部稽核人員優化作業流程後，2019 ～ 2020 年則建置各部門職務工作說明書，完善內部人力資源管理規範。

協作傳承階段透過三大方針優化人資管理。

再者，於 Elen 返校教書後，亦發現設計產業亦面臨人才荒，僅有三分之一畢業生從事設計相關行業，於此階段同步啟動校園實習生計畫，發掘並吸引具有潛力的人才，同時為學生提供實習機會和職業體驗，向下扎根。

→研發管理：重新建立設計論述方法，持續創新

創新是室內設計公司的核心，當設計一成不變勢必會被市場淘汰，而這關乎到經營者的創新觀念及意識，不只要能夠建立知識結構且還能時時更新，因此 Elen 於 2018 年返回中原大學攻讀室內設計碩士，並於創空間內部每週辦理設計研討會，且重新建立設計論述方法，每個設計案藉由背景分析（議題分析）、設計概念（闡述故事）、創意手法、情感回饋設計四步驟，提供業主理性與感性的思考，並且為每個空間說出「獨一無二的故事」。

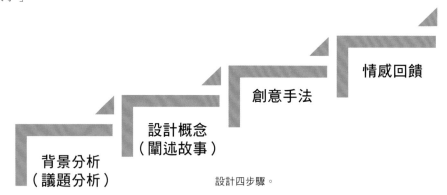

設計四步驟。

→財務管理：衡量自身狀況與外部環境，訂定精準年度預算

制定年度預算是企業管理中至關重要的一部分，它有助於規劃、控制和評估企業的財務狀況和業務運營。創空間亦是於創業初期即意識到年度預算的重要性，但是最終成績與年度預算每每相差甚遠，後來才發現是因為沒有先恆量自身狀況所導致，在擬年度預算時，除了預想明年要接多少案源、多做什麼開發之前，先盤點自己的負荷程度，同時回到根本，確認每個專案的毛利率是否都能全數掌控，且須考慮到通貨膨脹率、勞動成本、原材料價格波動等因素，才能做出精準的年度預算。而做完年度預算不是代表都不會變

動，考慮可能的風險和不確定因素，如市場波動、競爭壓力、法律法規變化等，預先制定應對策略，並根據實際業績和市場變化，進行必要的調整和重新分配資源，才有可能有效執行預算。

→資訊管理：導入自有雲端伺服器，落實資安控管

隨著全方面企業 E 化，雖然帶來更為有效率且便利的管理流程，但是卻有知識產權、品牌價值、財務資產、客戶資料和業務流程等遭受損害、損失的潛在風險，為保護創空間的資訊資產和業務運營，於 2022 年時導入自有雲端伺服器，整合各據點防火牆、網路環境架構，定期進行應用安全更新及資料備份，落實資安控管。

→品質管理：設計、施工到落地全方面品管增加客戶回頭率

室內設計產業，因為客戶從頭到尾面對的是設計師，常會面臨設計師離職，客戶也跟著被帶走的狀況，創空間因應這樣的狀況，除了提升品牌力外，更以品質管理提供給業主最安心、有保障的服務：透過每日及每星期會議令工務與設計部門能隨時討論、互相監督，保障完工品質；並且建置網路施工相簿，令屋主能隨時掌握施工進度，而完工後則提供施工保固與完工週年的油漆修補服務，藉由品質管理增加顧客回頭率。

全方面品管優化

一、每日與每星期設計及工程會議隨時討論、彼此監督	二、建置網路相簿，屋主能隨時掌握施工進度	三、完工保固，提升售後服務

透過三大方針優化品質管理。

JOURNEY
ARCHITECTURE

打造深具人文內涵、延續歷史，值得永續傳承的建築

建築設計，應該有麥哲倫顛覆傳統，航向世界，證明地球是圓的，那種大無畏的勇氣，也要有一步一腳印，踏實而不取巧的專業，加上珍愛地球的心，體貼入微、以人性需求為本的縝密思慮，這就是「JA 建築旅人」奉行不悖的真理。

「我們一直以來都是在服務建商，許多時候往往因為市場關係或是資金考量而放棄原先的設計理念進行」建築師張恩誠說道。因此2015年四位對建築懷抱著理想的建築人、設計人決定創立「JA建築旅人」，期望建築設計不再只是複製缺乏靈魂的水泥方盒子後將人擺放進去，而是希望由內而外從土地特有的DNA、自然環境與人的活動及需求開始構思，令建築展現獨一無二的姿態，並且真正站在業主需求和使用現況思考，提出理想的住宅規劃，透過量身訂製方式，打造深具人文內涵、延續歷史，值得永續傳承的建築。

創空間集團下擁有權釋設計、北歐建築、日和設計、權磐設計等室內設計品牌，然而建築與室內設計看待空間卻有著差異：較為宏觀卻也微觀：宏觀的從都市的角度看待建築基地，亦會親身進入基地中，微觀感受風向、日照等自然環境及人們在這塊土地上想要過什麼樣的生活，並將這些具體的反映在建築設計上，建築旅人從自地自建出發，並且提供建築設計、危老重建、合建、委建等服務，期待自己所創的一切，都能從心所創、以人為本，更期盼「取之大地，回饋大地」的美好循環，讓空間因為人與自然的共好，在時間軸上的瞬間，成就出最美的永恆，除了讓人們看見美好未來，更該為大地帶來不一樣的未來。

1. 建築設計不應該只是市場導向,而應該回到人文與自然環境思考,例如與建設公司一同合作的靜萃此案即將此概念融入其中。

2. 此間廠辦重建時回應環境、使用者,在立面設計上融入產品本身具有的安全及包覆特性,又能同時兼具人員日常使用需求並展現重生樣貌的全新場景。

3. ESG 是現在企業成長的目標,JA 建築旅人所有案場從設計開始即遵循 ESG 期待創造永續建築。

品牌特色

特色 1. 別於其他建設公司，從環境出發以人為本

坊間的建設公司常將坪數有限的住宅空間，切割成幾房幾廳的格局，僅為讓房子更好銷售，JA 建築旅人希望能回到土地環境的根本，以人的活動及需求為出發，打造適應自然與人們獨一無二的建築。

特色 2. 利用宏觀與微觀角度評估基地

JA 建築旅人認為建築設計須同時保有宏觀與微觀的視角，宏觀從都市的角度看待基地，並微觀感受風向、日照等自然環境及人們的需求，並綜合這些思考打造建築。

特色 3. 針對不同客群提供不同服務

JA 建築旅人以自然及人為主體，因此針對不同客群與需求提供不同服務，如建築設計、自地自建／危老重建、舊屋整建與機能活化、全案管理、合建／委建等項目，並朝向建設公司邁進。

特色 4. 遵循 ESG 打造兼顧現在及未來的永續建築

JA 建築旅人遵循 ESG：「環境保護（Environmental）」、「社會責任（Social）」以及「公司治理（Governance）」希望兼顧現在及未來的永續建築發展而非只有建設建商的盈利思維。

後疫情時代，人們比起以往更響往自然，因此在別墅案中量體採用減法設計形成露台，陽光、空氣、水流淌於其中，將人、空間、環境融為一體。

Case 1. 別墅／ 139.7 坪／ 2 戶
隱院／層樓疊榭，一半建築一半自然

一直認為被利益導向綑綁的建築，無法建構快樂城市的 JA 建築旅人，自 2015 年創始起即帶著「建築，除了帶給人遮風避雨的安全感，更應是心靈歸屬、代代傳承的瑰寶」的理想，並且實踐著，從自地自建開始，到與有相同理念的建設公司合作，一直到 2022 年獨自買地、設計、營造，逐步完成當初的建設夢想。

這塊位於新竹縣寶山的基地，JA 建築旅人計畫蓋上兩棟透天別墅，「與一般建商不同，在設計初期我們用了大部分的時間在探討人與建築的關係，從農業社會、工業社會一直到疫情後，人們所需要的生活、建築是什麼？而在這塊基地上該如何回應所需？」建築師張

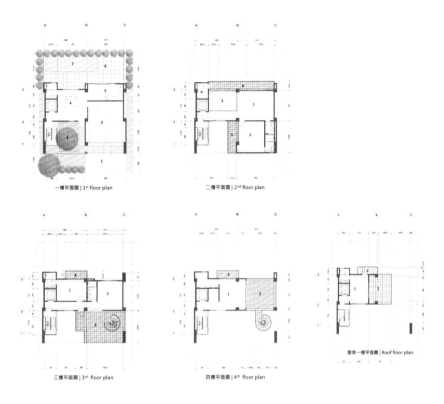

一樓平面圖 | 1st floor plan

二樓平面圖 | 2nd floor plan

三樓平面圖 | 3rd floor plan

四樓平面圖 | 4th floor plan

屋突一樓平面圖 | Roof floor plan

隱院／平面 1 ～ 4F、屋凸 1F 平面配置圖：
由環境、氣候、需求發展建築格局，期望帶給居者與自然共享共生的自在場所。

恩誠說道。「而對於後疫情時代而言，人們更渴望與自然共棲，因此在這兩棟建築裡，我們採取一半建築、一半自然的手法，盡可能讓更多的自然景觀進入室內，量體採用減法設計形成露台，允許風與日光恣意通過，將人、空間、環境融為一體。」

而在建築設計方面，因為這是位於山坡上的基地，JA 建築旅人以《老殘遊記》裡的山城景色為發想，透過層層疊疊，我的屋頂就是你的活動平台，高低錯落有致，層次漸進分明，此外，一般建築正面會面對大馬路，此基地則是反其道而行，利用格柵設計隱蔽正面提供隱私，而將大面積的窗戶設在後方瞭望整片山坡綠意，而建築體有許多露台，透過豐富且有趣的立面造型與空間動線，塑造具在地價值的新建築。

1

2

3

1. 為了回應基地環境並提供給後疫情嚮往大自然的人們能夠擁抱戶外的機會，建築設計採「一半建築一半自然」的設計概念。

2. 空間設計取自《老殘遊記》裡的山城景象，層樓疊榭的梯階創造綿延不絕、有趣的視覺效果。

3. 與一般建築面對馬路不同，此基地正面以植栽、格柵提供隱蔽效果，後面則以大面窗迎向自然景致。

4-5. 建築內有許多露台與微景觀，無論是承重、施工及防水都增加設計與工程的難度，是此案的挑戰。

基地裡沿著步道有著一個個透明的球體，是餐廳的包廂，在用餐時能一同感受自然的
動靜變化，同時為園區增添趣味。

Case 2. 民宿／96 坪／7 房
蘇卡利漫活／擁抱幸福與人文的靜謐之地

這是一個民宿園區，位於新北市烏來區加九寮溪與南勢溪的交會口，
這一帶的河道彎曲，河岸有嶙峋突峭的巨岩，色澤褚紅，故又稱「紅
河谷」。此地舊稱「Sokali（加九寮）」，在泰雅族語中是漩渦的意思，
當時泰雅族人見此地山谷水流急湍形成漩渦，因此得名。而當小米收
割結束後，就會舉行的饗宴祭典，稱之為「Maho（漫活）」，所有
土產、五穀雜糧都會以在這場慎重的儀式上面當作祭品上供，而建築
旅人在設計的源頭希望以尊重當地、傳承文化的方式在加九寮地區延
續當地榮光，故將設計名稱命名為蘇卡利・漫活（Sokali.Maho）。

上層建築配置　　　　　　　　　**下層建築配置**

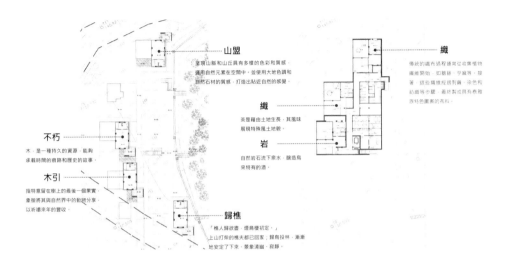

山盟
呈現山脈和山丘具有多樣的色彩和質感，運用自然元素在空間中，並使用大地色調和自然石材的質感，打造出貼近自然的感覺。

織
傳統的織布過程通常從收集植物纖維開始，如苧麻等，接著，這些纖維經過剪絲、染色和紡織等步驟，最終製成具有泰雅族特色圖案的布料。

不朽
木，是一種持久的資源，能夠承載時間的痕跡和歷史的故事。

織
茶是藉由土地生長，其風味展現特殊風土地貌。

木引
指特意留在樹上的最後一個果實，象徵將其與自然界中的動物分享，以祈禱來年的豐收。

岩
自然岩石流下泉水，釀造烏來特有的酒。

歸樵
「樵人歸欲盡，煙鳥棲初定。」上山打柴的樵夫都已回家，歸鳥投林，漸漸地安定了下來；景象清幽、寂靜。

蘇卡利漫活平面配置與房型說明：
每個房間依照當地的自然景觀、材質與泰雅族人文特色設有山盟、不朽、木引、歸樵、織、茶、岩等七種不同主題。

此為自地自建的民宿案場，腹地遼闊，但原先業主只希望在其中蓋一棟3～4樓的建築，然而在針對基地的自然與人文環境進行分析之後，築旅希望在此將自然物質以不同向度觀看，讓人能存在及體驗不同空間氛圍，因此設計時應用石材、木材、竹子等為設計概念，呼應由自然意趣到體驗秘境之樂，並採取最低限度破壞環境的方式，將民宿房間從原始一棟，分散各處，7間房間有4間位於地上層、3間位於地下層，雖說是上下層但因為傍山而建，各自擁有戶外景觀，每間房利用當地的自然景觀與人文特色為底蘊設計，展現獨一無二的風貌。此外，沿著步道設置一個個透明球體作為餐廳包廂，則能在用餐時一覽園區景色。

1. 民宿園區位於泰雅族棲地，建築規劃盡可能保留原始環境，讓建築與地景對話。

2-3. 建築順著山坡而設規劃上下層，從每個房間看出都是不同的景色地貌，十分有趣。

4. 烏來當地產茶，並有著用山泉水釀造小米酒等特產，而這些特色都巧妙呈現於空間的硬裝、軟裝當中。

5-6. 以最低密度的方式開發與建築規劃，傳承在地人文與自然，並應用在地建材讓建築融合於自然環境中。

權磐 INCEPTI●N5.

全面啟動與眾不同的商業體驗

權磐設計 Inception5 Design 專精於商業空間設計，不僅致力於打造符合企業品牌識別和形象的空間，更重視如何妥善分配預算，搭配權磐設計的品質管控能力，協助業主降低開業成本，期待成為業界首屈一指的商空設計顧問品牌，與您一起共創佳績的好夥伴！

室內設計分為居家空間設計與商業空間設計兩大形式，有別於住宅設計，商空設計除了需要融合品牌特色，將其轉化為室內設計中的主調，構築空間底蘊外，同時需要重視商業用途與功能性，讓此空間能夠滿足顧客體驗，並協助業主解決商業上的各項問題，創造空間最大的利益，並非只是在美感、機能及生活經驗的整合。

創空間集團下擁有權釋設計、CONCEPT 北歐建築、日和設計等室內設計品牌，商空設計一直是各品牌進行的服務項目，但經過十數年的累積，加上商業空間有著各式各樣的類別如辦公室、零售店鋪、醫療產業、餐廳、旅館等，設計模式與節奏彼此不同，更是和住宅設計大相徑庭，因此決定將商空設計獨立另闢新局，成立權磐設計 Inception5 Design。

就如同「Inception（開端）」的意涵，將品牌故事融入設計的骨髓，讓每一個空間都充滿生命力和意義，秉持「使命、開創、起始」的精神，帶來與眾不同的商業體驗。

有著豐富室內設計與家具零售經驗，並一直朝向企業化邁進的創空間，以商空專業角度分析品牌精神、思考空間需求。整合專業設備和空間視覺意象，並且協助業主進行營運管理與財務規劃，除了設計外更是整合顧問，提供全方面的經營協助，賦予消費者一個專屬企業／品牌的消費體驗。

1. 商業空間須依照不同品牌背景與精神發想空間設計，星創牙醫融入元宇宙的概念打造數位化的診療空間。

2. 權磐設計與九太音響溝通真正的需求，挖掘品牌優勢並融合彼此專業打造兼具聲音、光線、形狀與色彩美學的彩排錄音室。

3-4. 權磐設計 Inception5 Design 與心寬生活此遊道空間的業主深度溝通，以日本參道（Sando）為發想，透過室內動線營造出的儀式感，找回內心平靜。

5. 為了能如期營業，商業空間格外重視節奏與效率，每個權磐設計 Inception5 Design 的案件如本案 ajoice 從設計開始即有嚴謹的計畫避免延宕。

6-7. 權磐設計 Inception5 Design 經手的商業空間皆具有設計施工保固與完善的售後服務，確保使用頻繁、損耗率高，且不同營運模式的商業空間能維持良好運作。圖 6 為茶飲空間，圖 7 則為招待所。

品牌特色

特色 1. 運營策略 planning

以品牌優化的角度發想設計，並且協助業主進行營運管理與財務規劃，例如與業主一同評估開店費用與攤提回收、如何透過空間搭配行銷策略等，除了設計外更是整合顧問。

特色 2. 溝通表達 presentation

透過兩步驟的溝通表達來提供完善商空服務：第一個步驟是與業主溝通真正的需求，挖掘品牌優勢，協助品牌建立與創新，第二個步驟則協助業主透過空間設計彰顯品牌特色。

特色 3. 設計概念 programing

從品牌背景、品牌精神發想空間設計，並整合業主的專業、經驗，釐清商品特質與商業模式，綜合思考延伸設計概念使用面向，創建能夠攬客同時符合商業利益的設計。

特色 4. 標準作業 Procedure

商業空間講究節奏與效率，因此需要明確的計畫與流程，藉由專業分工並且按進度執行。權磐設計 Inception5 Design 沿襲創空間的標準作業流程，為每個商空案件訂定專屬嚴謹的計畫，確保能如期完工。

特色 5. 品質保證 promise

商業空間使用頻繁、耗損率高，權磐設計 Inception5 Design 所經手的商業空間皆通過台灣 ISO 9001:2015 品質管理系統國際認證，且具有設計施工保固 2 年、系統櫃保固 5 年與完工週年的油漆修補服務，確保施工品質與完善的售後服務。

權磐設計 Inception5 Design 團隊與 Nine Tai Studio 共同合作的彩排錄音室，期盼使用者能在舒適專業的空間創造音樂。

Case 1. 商業空間／88.8 坪／多功能交誼空間、VIP 休息室、彩排室、錄音室
Nine Tai Studio ／譜出躍動的生命力，迎向絕美的聲光饗宴

Nine Tai Studio 是為亞洲彩排錄音室的先驅，致力於提供專業化的錄音空間，以及精緻化的彩排規格。因為演唱會彩排前的生活型態不被晝夜時序所限，錄音室的擁擠與沈

Nine Tai Studio 平面配置圖

悶，音樂人在演出前的心理壓力，往往都會影響著每一次出演的呈現。因此期望揮別以往舊有的型態，以複合式的動線及設計、舒適專業的空間，緩解演唱會前音樂工作者們因高壓而產生的心境，打造全新更專業的音樂空間。

空間與聲音有著密切的關係，而聲音的脈絡不受侷限與拘束，權磐設計 Inception5 Design 團隊以「太極」為導向衍伸出設計概念，將其中的柔與剛，靜與動，虛與實融合，令聲音的吐納與擴散在空氣中湧動，於大比例空間創造出流動線條，成為動線引導上的基礎，並用波浪層次紋理帶有反射的材質，區隔空氣中的介質，將每處細節刻作呼應，揉合光線、形狀、色彩美學，賦予專業舒適的彩排錄音空間。

此案由權磐設計 Inception5 Design 團隊和 Nine Tai Studio 共同完成合作，Nine Tai Studio 在聲學上有極高的專業，注重聲音的品質及收音的純粹，將空間與聲音的和諧，完美沈浸在旋律裡。權磐設計 Inception5 Design 團隊與其經過深度專業交流溝通，空間設計運用深色調紋理包覆，輔以吸音功用為主的建材，每種建材及形狀的應用根據現場空間，以不同形式的反射測量而成，例如天花板不規則形狀即是為了抵銷低音，減緩雜質而設計從使用需求為規劃導向。另一方面，為了讓使用者降低工作帶來的壓力與拘謹，享受輕鬆自在的工作氛圍，接待區、機能廚房一直到中島的吧台桌，連成一脈休憩的共享空間，音樂工作者們能彼此互相交流，開創新思維，而獨立且隱密的梳化間，能在保有個人隱私之餘，享受著彩排前的一方寧靜。

權磐設計 Inception5 Design 團隊於此空間期待能跳脫傳統嚴謹的拘束，讓音樂工作者能在舒適的環境中，開心放鬆地工作，既能助於團隊協作的溝通，也能降低在開演前的高壓氛圍，進而展現出最佳的工作狀態。

1-2. 入口處以深色調的紋理鋪陳，讓來訪的使用者得以沉澱轉換，並賦予寧靜內斂氛圍為之後的工作做準備。

3-5. 錄音彩排室裡不規則天花板可抵銷中高音，減緩雜質，而每幅畫的位置依照聲波的規律調整畫的角度，讓畫作不只是藝術品而是傳導吸收雜音的介質。

3

4

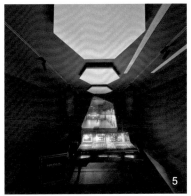

5

6

7

6-7. 休憩共享空間採以開放式設計抹去區域界線，從接待區、機能廚房一直到中島的吧台桌賦予視覺延伸，上方波浪流動線型天花板排列錯落，彼此虛實相應。

8-9. 獨立且隱密的梳化間，享受著彩排前的一方寧靜與隱私，並透過藝術品的陳設與動線勾勒個性，激發訪客的創作慾。

元宇宙元素進入數位牙科之中提供療癒的診療空間與科技的專業印象。

Case 2. 商業空間／108 坪／櫃檯、候診室、診療室、訓練室
星創牙醫／
沈浸在現代與科技的空間尺度之中

這次合作的台灣牙 e 通，是一群已累積多年經驗牙科數位化科技與醫療資訊系統的整合團隊，期望建立一處複合式的數位牙科營運總部，提供患者溫暖專業的「心」診療體驗。

權磐設計 Inception5 Design 在此數位牙科營運總部融入元宇宙的元素概念來定義空間，如宛若銀河軌道般的流線燈配天花、淡藍色不規則沙發櫃體則如星河；加上數位醫療的專長與專業的器材設備，例如蔡司顯微認證、遠端醫療系統、雲端病例、AI 數據應用 ... 等等，盼望打造數位化診療的空間環境。

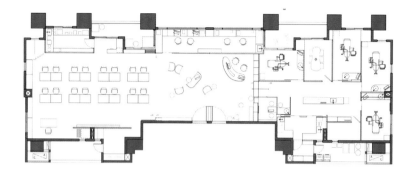

星創牙醫平面配置圖：
權磐設計 Inception5 Design 團隊在星創牙醫此案透過最適切的動線與坪效規劃，
提供診療效率與使用者舒適度。

星創牙醫的大廳天花板採用如同銀河軌道般的流線燈配，並延伸弧
形元素至櫃台，配上自然塗料，纏繞出優雅而溫潤的線條，讓整個
空間宛如星雲裡的運行軌道，同時為空間注入一股舒適療癒的柔和
氛圍。

作為轉化各個診間的過度場域，利用中島設計為核心，除了能貼切
地給予自由的使用彈性外，自然日光也能不受阻隔、自在灑落在各
個角落，診間選用玻璃隔間引光入室，展現空間裡的明亮專業感
受；教育訓練室燈光搭配也呼應著大廳中的淡藍色調，一路延伸至
場域之中，營造置身在粼粼星光之下的溫柔照拂，一步步開啟牙醫
產業嶄新的元宇宙風貌。

有別於一般牙科的冰冷制式的空間設計，權磐設計 Inception5
Design 團隊賦予前來的患者嶄新體驗，提供如同身在元宇宙的溫柔
照拂，並讓使用者能充分感受被貼心設計所包圍的安心感，透過一
步步堆疊出空間中的設計語彙。展現權磐設計 Inception5 Design 在
設計的過程中，對於使用者運用空間的彈性與情感的深刻琢磨。

1-3. 一進入星創牙醫之中，天花流線燈搭配的
　　　銀河軌道與淡藍色調沙發櫃體，呼應牙科
　　　元宇宙的主題，同時營造初舒適療癒的柔
　　　和氣息。

4-6. 中島作為轉化各個診間的過度場域，提供
　　　日常使用機能與流暢動線，同時不阻礙光
　　　線進行。

7

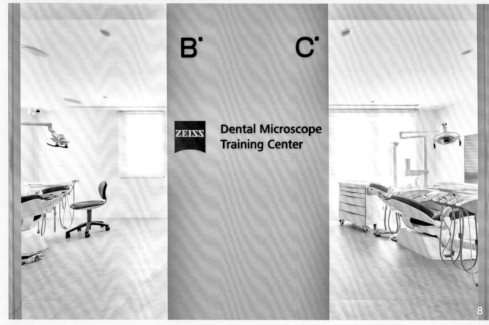

8

9

10

7-8. 診間採用玻璃隔間,引領自然光線入室,並搭配室內光維持舒適的光源明度,令診療與使用都能達到最佳效果。

9. 櫃台選用弧形配上自然塗料,產生進入宇宙般的神奇感受。

10. 教育訓練室的每個座位旁皆增設可以即時操作的牙具器材,便於進行日常的教育訓練與討論。

「健身中心」的英文是 "wellness center"，本案重新檢視台灣當代的 "wellness"（健康）新需求。由內而外，鞏固身、心、靈三方的優雅平衡。

Case 3. 商業空間／123 坪／交誼廳、景觀吧台、多功能空間、
　　　　健身教室、瑜珈教室、辦公室

ajoice ／ Reset Joy 回歸愉悅深邃原點，找回身心靈的優雅平衡

在美國成長的年輕創業家希望將美式健身概念引入台灣，結合運動、時尚和藝術，讓「健身」這件事擴大為社交及休閒。扭轉東方人對運動的抗拒感與壓力感，實踐 Fitness（身體健壯）與 Wellness（健康），用專業空間設計手法，打造出輕鬆愉悅、精緻輕奢的生活體驗，引導健身者內省自我的身、心、靈健康狀態。

以品牌名稱出發，"A Joy Choice"（一個愉悅的選擇）為核心價值，從輕奢藝文氛圍、多元健康機能切入，開闢新時代的健身場域。「輕奢」定義為身、心、靈三方富足的生活體驗，期待使用者一踏入會館，便能沈浸於醺暢優雅的氛圍中。空間利用大面窗景、Lounge

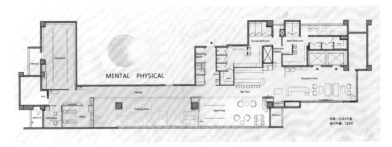

ajoice 平面配置圖：
空間前半部規劃大面積景觀吧台與多功能區，強調休閒和交誼的重要性，健身教室區則鋪排在空間後半部，配有科技高效能健身器材。

Bar 和多功能空間完美營造休閒感，重訓室與瑜伽教室鋪則排於後半部，透過空間遞進和功能性的重疊，逐一展開飲食、交誼、講座、運動、蒸汽浴等複合式機能。實踐由內而外、裡外兼修的健康調養態度。

從自然、科技、社交切入，營造身（身體）、心（情緒）、靈（思想）三方富足的當代健身場域。接待區旁的 Lounge Bar 配有投影設備結合藝文伸展台概念，投影牆上能播放靜態或動態影片，並輔以拉簾、鏡面門片，創造隱私。還可依造需求自由更換健身器材，進行瑜伽、重訓、徒手訓練。而流線型燈條引領動線，讓整體空間遞進出不同質感層次。沐浴及更衣空間貼心考量男女梳洗時間差異：女士更衣室坪數較大，並佐以花鳥壁紙及木頭溫潤肌理，展現典雅輕柔氛圍；男士更衣室採黑灰色調，表現品味個性。

跳脫一般健身會館僅強調運動健身的框架。真正的「健康」應是一種生活管理，運動健身只是一種內涵、一種做法。更重要的是學會與自我相處，並能在各種交誼場合增加人際互動。學習動靜皆宜的自由自在，均衡身心靈的成長。

1-2. 一踏入會館即能感受優雅放鬆的氛圍。利
　　 用大面窗景的交誼區、Lounge Bar 營造
　　 舒壓身心的休閒感。

3-4. Loungen bar 旁的多功能空間利用鏡面比
　　 例分割，線性、流線型光源滿足生活美學
　　 需求。

5

5-6. 健身教室、瑜伽教室位於空間後半部,配
     有科技高效能健身器材與寧靜場域令運動
     兼顧心理需求。

7-8. 男女更衣室考量梳洗時間差異,女士更衣
     室坪數較大,並透過粉嫩色系與溫潤木材
     質提供柔和放鬆的氣氛;採黑灰色調的男
     士更衣室,則體現品味個性。

6

Kartell

深具當代藝術語彙的 PC 時尚家具

別於一般家具材質，1949 年創立的
Kartell，以聚碳酸酯材料顛覆人們對
家具的想像。

1949 年 Giulio Castelli 創造了現在世界知名的義大利家居品牌 Kartell，他是一位出色的化學家，運用化學專長將 PC（聚碳酸酯）製成輕巧的居家用品，改變人們的生活方式和生活體驗，且因為聚碳酸酯材質造型多變化、色彩鮮豔、質材輕巧的特性，引領當時家具設計的流行風潮，亦是居家商品的時尚先驅，近年來更是與時尚精品聯名如與 Moschino、Missoni 聯名突破家具限制。

Kartell 的家居產品不僅結合時尚設計亦相當耐用，這是因為從品牌創始開始即一直致力鑽研抗刮抗磨的技術，每一件產品都會經過抗熱、抗濕、抗曬、抗刮、抗摩等多重嚴格測試，確保消費者能長期使用與良好品質，也因此除了居家使用外，亦受到不少商業空間的青睞，選擇吸睛、耐用、高品質的 Kartell 商品於店內使用。

此外，Kartell 的產品設計均出自於世界級設計大師手筆，包括 Ferruccio Laviani、Philippe Starck、Antonio Cetterio、Ron Arad、Vico Magistretti、Enzo Mari 等人。他們將生活裡的巧思融入於家具設計之中，不僅多次榮獲世界級獎項，甚至有知名的藝術博物館如紐約的 MOMA 及法國的龐畢度中心永久典藏並定期展示 Kartell 的設計作品。而 Kartell 於 1999 年品牌 50 週年之際亦創建品牌博物館，展覽生產至今的歷史與傑出經典產品。

以塑料家具起家，現在 Katell 更發展了全系列生活商品，包含桌椅、沙發、燈具、配飾甚至到時尚鞋包等，並且結合多元素材如木材質、玻璃、布藝等提供居家更為豐富的選擇。

也因 Kartell 於設計家具界具有高度指標性，創空間於 2023 年總代理 Kartell 加入 Creative CASA 旗下，增加品牌廣度並且提供消費者更多元的選擇。

1. Philippe Starck 所設計的 Louis Ghost 是 Kartell 最著名的明星商品。
2. 近年來 Kartell 與時尚精品聯名家具,圖為 Kartell 與 Missoni 合作的扶手椅。
3. Kartell 的所有用品皆重視高品質與耐用性,經過多重測試,確保能長期使用。
4. Kartell 注重環保,為了避免低效與浪費,全系列產品都是少污染並能完全回收。
5. Kartell 發展全系列商品,並且除了塑料外,亦使用各種材質讓產品更為多樣化。

品牌特色
特色 1. PC 家具發明引領全球

1999 年 Kartell 推出全世界第一張完全採用 PC（聚碳酸酯）製作的椅子——La Marie，開啟了 PC 家具的新世代，並於此後不斷發展和探索獨一無二的透明主題，亦催化 Louis Ghost 的誕生——其於 2002 年由 Philippe Starck 所設計，靈感來自路易十五的座椅，並以現代的聚碳酸酯一體成型打造而成，穩定堅固並深具設計魅力，自此後成為 Kartell 的明星商品。

特色 2. 平易近人的設計師時尚家具

1988 年隨著 Kartell 由具有時尚背景的 Claudio Luti 接手，他開始與世界知名的設計師如 Philippe Starck、Ron Arad、Antonio Citterio 等人合作，打造易於使用並且適合搭配其他居家用品的設計師名品家具，近年更是與時尚精品聯名，成為居家商品的時尚先驅。

特色 3. 家具經過多重測試擁有良好品質

Kartell 的居家用品重視高品質與耐用性，致力於鑽研材質抗磨抗刮的技術，並通過抗熱、抗濕、抗曬、防刮、耐磨等測試，確保能長期使用。

特色 4. 少污染並可完全回收

Kartell 著重技術的提升，並有嚴謹的生產與品質管制，透過流程的高度穩定性，減少低效與浪費，產品皆是少污染且可完全回收。

特色 5. 全系列生活商品

現在 Katell 除了經典的塑料家具外，更發展全系列生活商品，包含桌椅、沙發、燈具、配飾甚至到時尚鞋包等，同時木材質、玻璃、布藝等多樣元素令產品線更為全面。

國家圖書館出版品預行編目 (CIP) 資料

解鎖創空間營運密碼：從個人設計服務到生活集
團─創辦人洪韡華的經營養成筆記 / 洪韡華作 . --
初版 . -- 臺北市：城邦文化事業股份有限公司麥浩
斯出版：英屬蓋曼群島商家庭傳媒股份有限公司
城邦分公司發行, 2024.05
    面；   公分 . -- (Ideal business ; 32)
ISBN 978-626-7401-50-7(平裝)

1.CST: 創空間集團 2.CST: 企業經營 3.CST: 企業管理

494   113003870

Ideal business 32

解鎖創空間營運密碼：

從個人設計服務到生活集團─創辦人洪韡華的經營養成筆記

作　者	洪韡華
文字編輯	張景威
美術設計	林宜德

發行人	何飛鵬
總經理	李淑霞
社　長	林孟葦
總編輯	張麗寶
叢書主編	許嘉芬
出　版	城邦文化事業股份有限公司 麥浩斯出版
地　址	115 台北市南港區昆陽街 16 號 7 樓
電　話	（02）2500-7578　傳　真：（02）2500-1916
E-mail	cs@myhomelife.com.tw

發　行	英屬蓋曼群島商家庭傳媒股份有限公司城邦分公司
地　址	115 台北市南港區昆陽街 16 號 5 樓
讀者服務	電話：（02）2500-7397；0800-033-866 傳真：（02）2578-9337
訂購專線	0800-020-299（週一至週五上午 09:30 ～ 12:00；下午 13:30 ～ 17:00）
劃撥帳號	1983-3516 戶名：英屬蓋曼群島商家庭傳媒股份有限公司城邦分公司

香港發行	城邦（香港）出版集團有限公司
地　址	香港九龍土瓜灣土瓜灣道 86 號順聯工業大廈 6 樓 A 室
電　話	852-2508-6231
傳　真	852-2578-9337
電子信箱	hkcite@biznetvigator.com

馬新發行	馬新發行城邦（馬新）出版集團 Cite (M) Sdn Bhd
地址	41, Jalan Radin Anum, Bandar Baru Sri Petaling, 57000 Kuala Lumpur, Malaysia.
	電話 603-9057-8822　傳真 603-9057-66223

總經銷	聯合發行股份有限公司
電　話	02- 2917-8022
傳　真	02- 2915-6275
製　版	凱林彩印股份有限公司
印　刷	凱林彩印股份有限公司
版　次	2024 年 6 月初版二刷
定　價	新台幣 620 元